污泥处理
生物强化技术

Bioaugmentation Technology
for Sludge Treatment

杨春雪 王羚 编著

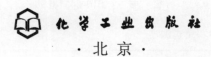

化学工业出版社

·北京·

内容简介

本书在介绍国内外污泥处理处置现状及厌氧消化效率的重要瓶颈问题的前提下，以污泥预处理强化厌氧消化产生能源为主线，主要介绍了污泥结构和组成特征及污泥预处理技术发展概况，嗜热菌强化污泥水解预处理技术的应用前景，嗜热菌分离、溶胞性能、预处理剩余污泥及对发酵产酸功能微生物影响，以及嗜热菌强化污泥水解预处理技术与物化预处理技术耦合对后续污泥产酸发酵的效能的影响。

本书具有较强的技术性和针对性，旨在结合厌氧消化原理、功能微生物解析等手段，对生物预处理及其耦合技术在污泥资源化处理处置方面的应用提供相关参考，可供从事污泥处理处置及污染控制、废水处理等工作的工程技术人员、科研人员及管理人员参考，也可供高等学校环境科学与工程、市政工程及相关专业师生参阅。

图书在版编目（CIP）数据

污泥处理生物强化技术/杨春雪，王羚编著.—北京：化学工业出版社，2021.8
ISBN 978-7-122-39293-0

Ⅰ.①污… Ⅱ.①杨… ②王… Ⅲ.①污泥处理-生物处理 Ⅳ.①X703

中国版本图书馆CIP数据核字（2021）第106712号

责任编辑：刘　婧　刘兴春　　　　　　　文字编辑：丁海蓉
责任校对：王素芹　　　　　　　　　　　　装帧设计：史利平

出版发行：化学工业出版社（北京市东城区青年湖南街13号　邮政编码100011）
印　　装：北京虎彩文化传播有限公司
710mm×1000mm　1/16　印张10¾　彩插6　字数198千字　2022年1月北京第1版第1次印刷

购书咨询：010-64518888　　　　　　　　售后服务：010-64518899
网　　址：http://www.cip.com.cn
凡购买本书，如有缺损质量问题，本社销售中心负责调换。

定　　价：85.00元　　　　　　　　　　　　　　　　　版权所有　违者必究

前言

自 20 世纪 90 年代以来，中国在污泥处理处置方面取得了很大的进步。但是，污泥资源化处理处置仍然面临瓶颈，其主要原因是污泥中有机物和微生物包裹在活性絮凝体中，由此形成的物理和化学屏障是限制厌氧消化效率的重要因素。通过污泥预处理技术可有效提高细胞破壁和水解效果，最大限度地发掘出剩余污泥中的有机能源。目前全球研发的污泥预处理技术主要包括热处理、物理/机械预处理、化学预处理和生物预处理，其中生物预处理技术因其设备要求低、生态友好越来越受到人们的重视。

本书主要根据污泥预处理性质将各种方法分成物理/机械、化学、生物以及联合处理几大类，分别介绍了污泥预处理方法的特点、研究进展，着重介绍了嗜热菌强化水解技术的原理、特点、评价方法及应用前景。本书共分为 7 章。第 1 章主要介绍了目前污泥处理处置现状和相关的技术难点。第 2 章和第 3 章分别详细介绍了污泥物化处理技术和生物强化技术的原理与研究进展。第 4 章着重介绍了嗜热菌的生理生化特征及其溶胞特性，并分离和鉴定了三种嗜热溶胞菌。第 5 章介绍了嗜热菌强化污泥细胞溶胞过程及对后续发酵产酸过程的影响，揭示了嗜热菌预处理对污泥微生物群落演替的影响，并分析了嗜热菌主要的功能基因表达情况。第 6 章介绍了一些物化手段联合嗜热菌预处理剩余污泥，着重考察了其对污泥水解酸化过程的影响，并对其主要功能群落进行解析。第 7 章介绍了基于嗜热溶胞菌的预处理技术用于强化污泥水解产酸过程的前景与展望。本书可供从事污泥处理处置、废水处理等工作的工程技术人员、科研人员及管理人员参考，也可供高等学校环境科学与工程、市政工程及相关专业师生参阅。

本书第 1 章、第 4 章、第 6 章及第 7 章由哈尔滨学院杨春雪编著，第 2

章、第 3 章、第 5 章由青岛理工大学王羚编著，全书组织、统稿等工作由杨春雪完成，后续修改与完善工作由王羚完成。在本书完成之际，作者诚挚地感谢哈尔滨工业大学王爱杰教授为本书的研究工作提供的理论指导和技术支持。

由于本书编著者水平和时间有限，书中不足和疏漏之处在所难免，恳请相关领域专家和广大读者予以指正。

编著者
2021 年 4 月

目录

第1章 概论 / 001

1.1 污泥现状 …………………………………………………………… 002

1.2 污泥分类 …………………………………………………………… 002

1.3 污泥处理处置技术 ………………………………………………… 005

    1.3.1 常用污泥处理处置技术 ……………………………………… 005

    1.3.2 厌氧消化处理技术的优势及难点 …………………………… 007

参考文献 ………………………………………………………………… 009

第2章 污泥物化处理技术 / 013

2.1 热/冻融预处理 ……………………………………………………… 014

    2.1.1 低温热水解 …………………………………………………… 014

    2.1.2 高温热水解 …………………………………………………… 015

    2.1.3 冻融预处理 …………………………………………………… 018

2.2 物理/机械预处理 …………………………………………………… 018

    2.2.1 超声处理 ……………………………………………………… 018

    2.2.2 高压均质处理 ………………………………………………… 019

    2.2.3 微波辐射处理 ………………………………………………… 020

2.3 化学预处理 ………………………………………………………… 021

	2.3.1 氧化法	021
	2.3.2 碱处理	022
	2.3.3 酸处理	023
2.4	物化联合预处理技术	023
2.5	预处理技术能耗	024

参考文献　　　　　　　　　　　　　　　　　　　026

第3章　污泥处理生物强化技术　　　/ 035

3.1	厌氧生物预处理技术	037
3.2	好氧生物预处理技术	038
3.3	酶辅助预处理技术	039
3.4	嗜热溶胞菌预处理技术	041

参考文献　　　　　　　　　　　　　　　　　　　043

第4章　嗜热菌的分离鉴定及溶胞性能分析　　　/ 049

4.1	嗜热菌的分离及鉴定	051
	4.1.1 嗜热菌的分离	051
	4.1.2 嗜热菌的鉴定	055
	4.1.3 嗜热菌的胞外酶活性分析	060
4.2	嗜热菌溶胞性能优化	063
	4.2.1 菌株的选择	063
	4.2.2 溶胞性能优化	064

4.2.3　溶胞性能验证　　　　　　　　　　　　　　　　　069

参考文献　　　　　　　　　　　　　　　　　　　　　　　072

第5章　嗜热菌预处理剩余污泥及对发酵产酸功能微生物影响解析　／075

5.1　嗜热菌投加比例的优化　　　　　　　　　　　　　　　077
　　　5.1.1　微生物活性分析　　　　　　　　　　　　　　　077
　　　5.1.2　溶解性有机物分析　　　　　　　　　　　　　　078
　　　5.1.3　水解阶段微生物群落结构分析　　　　　　　　　080

5.2　嗜热菌的功能基因解析　　　　　　　　　　　　　　　084
　　　5.2.1　嗜热菌水解相关功能基因确定　　　　　　　　　084
　　　5.2.2　嗜热菌溶解革兰氏阴性菌性能分析　　　　　　　086
　　　5.2.3　嗜热菌溶解革兰氏阳性菌性能分析　　　　　　　087
　　　5.2.4　嗜热菌溶解混合菌系性能分析　　　　　　　　　088

5.3　嗜热菌预处理对厌氧发酵产酸效能影响　　　　　　　　089
　　　5.3.1　溶解性有机物变化　　　　　　　　　　　　　　089
　　　5.3.2　短链脂肪酸产量及组分分析　　　　　　　　　　091
　　　5.3.3　生物预处理方法对剩余污泥短链脂肪酸积累比较分析　094
　　　5.3.4　微生物群落结构分析　　　　　　　　　　　　　095

5.4　嗜热菌对剩余污泥微生物群落结构演替的影响　　　　　099
　　　5.4.1　微生物群落差异性分析　　　　　　　　　　　　099
　　　5.4.2　微生物群落结构演替　　　　　　　　　　　　　100
　　　5.4.3　关键功能基因分析　　　　　　　　　　　　　　101

参考文献　　　　　　　　　　　　　　　　　　　　　　　104

第 6 章　物化法强化嗜热菌预处理及短链脂肪酸积累与功能微生物关联机制　/ 107

6.1　嗜热菌与其他预处理方法对剩余污泥水解酸化性能影响　108
  6.1.1　预处理后溶解性有机物分析　108
  6.1.2　短链脂肪酸的积累及组分分析　109
  6.1.3　嗜热菌预处理与其他预处理方法比较　110

6.2　碱联合嗜热菌强化剩余污泥水解酸化及功能微生物解析　111
  6.2.1　预处理后溶解性有机物分析及相关微生物水解酶活性分析　111
  6.2.2　预处理后污泥溶解性有机物的荧光物质分析　112
  6.2.3　发酵阶段溶解性有机物转化分析　118
  6.2.4　发酵阶段微生物群落结构分析　120

6.3　超声联合嗜热菌强化剩余污泥水解酸化及功能微生物解析　125
  6.3.1　预处理后溶解性有机物分析　125
  6.3.2　预处理后污泥溶解性有机物的荧光物质分析　127
  6.3.3　发酵阶段溶解性有机物转化分析　130
  6.3.4　酸化阶段微生物群落结构分析　133

6.4　冻融联合嗜热菌强化剩余污泥水解酸化及功能微生物解析　138
  6.4.1　预处理后溶解性有机物分析　138
  6.4.2　预处理后污泥溶解性有机物的荧光物质分析　139
  6.4.3　发酵阶段溶解性有机物转化分析　141
  6.4.4　发酵阶段微生物群落结构分析　143

6.5　联合预处理性能比较分析　148
  6.5.1　联合预处理对剩余污泥水解率的比较分析　148
  6.5.2　联合预处理对剩余污泥酸化率的比较分析　150
  6.5.3　联合预处理条件主要有机质释放与功能微生物关联解析　150

参考文献　152

第7章 结论与趋势分析　/157

7.1　结论及创新点	158
7.2　趋势分析	160
参考文献	161

附录　英文缩写对照表　/162

第1章

概论

1.1 污泥现状

近年，我国工业化和城市化的快速发展导致城市污水产量急剧增长，污水处理设备不断增加。至 2017 年年底，全国累计建成城镇污水处理厂 5192 座，污水处理能力达 $1.93\times10^8m^3$ [1]。废水处理工艺中 90% 采用活性污泥法作为核心部分。在城市或工业污水处理厂，采用传统污泥法处理体系去除可降解化合物，并通过物化工艺分离有机物和无机物，在这个过程中产生了大量的剩余污泥。例如：在厌氧 - 缺氧 - 好氧法（A^2/O）工艺处理污水过程中，污水中有 1/3 的有机物转化为剩余污泥。因此，污泥作为伴随污水处理厂运行的主要副产物以每年 10% 的速度增长。据统计，2016 年 6 月，污泥的产量在 3000 万～4000 万吨（含水率 80%），预计 2020～2025 年间，我国污泥的产量将达到 6000 万～9000 万吨[2]。

污泥作为污水处理过程中 30%～50% 污染物的承载体，具有较高的二次污染风险，所以污泥稳定化处理是污水处理过程污染物降解的延续。在我国污水事业发展过程中，"重水轻泥"问题突出，对污泥处理处置设施的建设重视不够、投资不足。在我国现正常运行的污水处理厂中，具备污泥稳定处理设施的不到 50%，相关处理工艺和设备比较完善的不足 10%[3]。而目前污泥处理处置的费用达到废水处理厂运营费用的 60%[2]。由此引发污泥处置问题，对污水处理厂形成了空前的运营压力，同时也产生了日益增加的社会和环境压力。针对当前国内污水处理现状，将污泥作为资源与能量的载体，发展"快速、高效、绿色"的污泥资源化技术，实现污水处理厂"能源自给"将在一定阶段内成为污泥处理的发展目标。

1.2 污泥分类

污泥按照来源划分，大概可分为三类，分别为给水污泥、工业废水污泥和生活污水污泥，并可以根据其具体来源做进一步的细分，如工业废水污泥可以根据行业特征进一步细分为造纸工业废水污泥、食品加工废水污泥和印染工业废水污泥，生活污水污泥可以按照处理方法进一步细分为生物滤池、生物转盘等方法得到的腐殖污泥和活性污泥法得到的活性污泥。一般来说,工业废水污泥的性质受工业的影响较大,具有产量高、变化大、内含有机物成分复杂、有毒有害物质含量高的特点。与工业废水污泥相比,生活污水污泥的有机物含量一般相对较高,有毒有害物质的浓度较低。生活污水污泥还包括污水处理过程前两步产生的栅渣和沉砂池的沉渣,但是这两部分量少,且易处理与处置,因此通常作为垃圾处理。

按照污泥从污水中分离的过程划分,可以将污泥划分为原污泥、初沉污泥、二沉污泥、活性污泥、消化污泥、回流污泥和剩余污泥,其特征如表1-1所列。通常指的污泥主要是指初沉污泥和二沉污泥(剩余污泥),它们也是污泥处理的主要对象。初沉污泥主要以无机物为主,数量较大,易腐化发臭,可能含有部分虫卵和致病菌。二沉污泥(剩余污泥)主要以有机物为主,含水率较高,较难脱水并易腐化发臭。

表1-1 污泥分类与特征

分类	来源	特征
原污泥	未经污泥处理的初沉淀污泥、二沉剩余污泥或两者的混合污泥	含水率>99%
初沉污泥	从初沉淀池排出的沉淀物	正常情况下呈棕褐色略带灰色,一般带有难闻气味
二沉污泥	从二次沉淀池(或沉淀区)排出的沉淀物	含有大量微生物。含水量一般为99.2%~99.6%,一部分二沉污泥作为回流污泥回流曝气池,另一部分作为剩余污泥排出
活性污泥	曝气池中繁殖的含有各种好氧微生物群体的絮状体	一般呈黄褐色或深灰色,由大量繁殖的微生物群体组成,在二沉池中便于沉淀分离
消化污泥	经过好氧消化或厌氧消化的污泥	所含有机物质浓度较其余未处理污泥有一定程度的降低,并趋于稳定
回流污泥	经二次沉淀(或沉淀区)分离,回流到曝气池的活性污泥	回流污泥的目的是使曝气池内保持一定的微生物浓度
剩余污泥	活性污泥系统中从二次沉淀池(或沉淀区)排出系统外的活性污泥	有机物含量约为55%~60%

一般认为污泥主要由固体、有机化合物、病原体、微生物聚集体、丝状细菌、胞外聚合物(EPS)、营养物质和重金属组成[4]。污泥蕴含59%~88%(质量体积比)的可生物降解的有机质(OMs)和营养元素,

包括50%～55%的C、25%～30%的O、10%～15%的N，6%～10%的H，以及少量的P和S[5]，如表1-2所列。通常使用混合液悬浮固体浓度（MLSS）来表征单位容积混合液内所含的活性污泥固体的总重量。混合液悬浮固体浓度包括具有代谢活性的微生物群体、微生物（主要是细菌）内源代谢和自身氧化产生的残留物，以及由污水裹挟进入微生物胞内的难降解有机物和从污水中进入的无机物质，这些物质共同组成了污泥。一般来说，污泥的pH值主要在7～7.5之间，但最终的pH值受污水影响较大，因此可能出现酸性（<6.5）或碱性（>11）的情况。

表1-2 城市污泥的主要特性

参数	数值	主要成分
总固体（TS）含量/%	0.8～1.2	无毒性碳水化合物（干重60%）、凯氏氮、含磷化合物
挥发性固体/%	59～68	有毒污染物：重金属（Zn、Pb、Cu、Cr、Ni、Cd、Hg、As）浓度变化范围在1～1000mg/L
N/%	2.4～5.0	烃类（多环芳烃PAHs）、二噁英、农药、激素、壬基苯酚
P/%	0.5～0.7	—
Fe/(g/kg)	0	真菌和其他微生物污染物
pH值	6.5～8.0	无机物：硅酸盐、铝酸盐、钙和镁化合物
热值/(kJ/kg)	19000～23000	水，变化范围从微量到95%以上

污泥中的有机物含量约为55%～60%，其余为无机物。无机物中除了含有N和P外，还富含多种微量元素（如Ca、Mg和Fe）和重金属（如Cu、Cd和Cr）。由于污泥中的N（4%）、P（2.5%）和K（0.5%）具有一定的肥效，因此可以作为农作物的N源和P源，进行后续土地利用，但污水中约70%～90%的重金属最终会转移到污泥中，这些重金属对农作物有较大的毒害作用。实际上，污泥中的各种成分并不是独立存在的，它们通常相互作用形成复杂的污泥有机物[6]。例如，Suanon等[7]研究发现许多多价金属与污泥中的有机物进行结合，而不是以游离在液相中的形式存在。Higgins和Novak[8]发现细胞外蛋白通常可以与多糖和金属相互作用。因此，根据污泥的结构特征，可以将污泥中的有机物按传统分类简化为细胞生物量（CB）和胞外有机物（EOS）[9]。污泥中的各类有机质是污泥资源化利用的主要底物，但也会造成环境污染并危害人类健康。污泥中还含

有一些病菌、病毒和寄生虫卵等，因此在最终处置前有必要进行无害化处理。

1.3 污泥处理处置技术

1.3.1 常用污泥处理处置技术

污泥处理处置通常要综合考虑污泥的沉降条件、脱水性、稳定性和干燥性。一般来说，污泥处置前通常要经过浓缩或者脱水来降低污泥含水率，以减少污泥体积、降低运输成本或后续单元的处理压力。污泥的含水率是指单位重量污泥中所含水量的百分数。初沉污泥的含水率在95%～97%之间，而活性污泥的含水率在99%以上。通常认为含水率在85%以上时污泥呈流动态，65%～85%时呈塑态，低于65%时呈固态，因此污泥的含水率直接关系到污泥的运输。污泥中含的水分按照同污泥絮体结合度不同可以分为间隙水（70%）、毛细结合水（20%）、表面吸附水和内部结合水（10%）。污泥浓缩的主要目的是去除污泥中的间隙水和部分毛细结合水。采用浓缩法可以去除污泥中的部分间隙水；自然干化法和脱水可以进一步去除污泥中的毛细结合水；干燥和焚烧法可以有效去除污泥中的表面吸附水和内部结合水。剩余污泥的基本处置方法包括土地利用、填埋、堆肥、厌氧消化（AD）、作为建筑材料回收和焚烧[10,11]。污泥的土地利用是目前常用的污泥处理处置方法，如果将污泥用作农作物肥料，其生物和化学安全性将受到极大重视[12]。污泥用于特定需求的土壤复垦可能发挥更重要的作用。但是，这两种处理方式将导致潜在有害化学物质渗入土壤或地下水的现象发生[13]，诸如重金属、油脂、酚类化合物和多环芳烃之类的化合物，从而引起土壤动植物群的急剧变化，降低土壤的肥力。因此，可以在污泥土地利用之前采用如消毒或者利用污泥干燥床稳定化处理程序，使其满足土地利用需求[14]。

焚烧处理是污泥处理处置比较常用的方式，其主要原因是焚烧可以大幅度地减小污泥体积。特别是在人口稠密的地区，可以通过焚烧处理大量的污泥解决污泥处理处置的问题，目前日本采用焚烧处理的污泥量已经达到总污泥处置量的55%[15]。在常规焚烧之前，必须将污泥预干燥，使其固含量达到18%～35%[16]。通常可利用在焚化过程中产生的热能来对焚化材料进行预干燥。此外，污泥燃烧产生的热量也可用于生产建筑材料[17]。焚化过程产生的灰烬必须将其回收处理或以其他方式使用，但由于第一套和第二套过滤器（通常是静电除尘器和湿式洗涤器、旋风除尘器、两套袋式过滤器等）产生的灰分可能会有差异[16]，因此，应分开设计不同焚烧产物的处理处置方法，但可能存在针对两种产物处理方式相融合的情况。

利用污泥制备建筑材料是对污泥的另一种生态处理处置方法，通常需要采用花岗岩岩石磨碎污泥来生产安全耐用的砖块。此外，污泥与生物质灰分混合制备的"可控低强度材料"，其抗压强度可达到0.5～2.5MPa或更高[18]。污泥灰烬与胶凝材料混合固化形成灰水泥，其目的是固定处理后的污泥中的污染物。灰水泥的性能取决于用于胶结过程的反应物及其比例[19]。研究发现，最适宜的灰分掺量为水泥掺量的10%和砂掺量的2%[20]。但是，采用这种方法制备的水泥材料的强度有时并不能令人满意[16]。为了提高污染物（如重金属）的固定程度，经常需要将来自能源工业的灰烬加入胶结过程中。在这种条件下，凝固块可以储存在废水处理厂或垃圾填埋场，避免对环境造成威胁。灰渣约占污泥干重的40%，在污泥焚烧固化过程中，虽然添加了胶凝因子等添加剂后，灰分的质量有所增加，但与未处理的污泥相比，所占的体积要小得多。通过选择合适的反应物，来获取一种满足强度要求，适合预期用途，同时对环境没有危险的材料[21]。因此，除进行强度试验外，还应对按相关标准制备的提取物进行分析，这将使这些建筑材料在整个生命周期中的安全使用成为可能[22]。为了使污泥固化，还可采用一些其他的热处理工艺，例如玻璃化，主要是通过加入砾石后燃烧污泥泥浆获取其结晶[23]。这一过程包括在1000～1600℃条件下加入二氧化硅将污泥玻璃化。该材料的特征在于对污染物例如重金属实现非常牢固的稳定化处理，且完全不溶于水。由于材料的加工温度高，有毒的有机化合物（如多环芳烃）最常被氧化成无机化合物，因此处理后的污泥对环境不产生威胁[24]。然而，由于高能量需求，该处理过程非常昂贵。

Wei 等[25]总结了我国近十年来不同污泥处置方式所占百分比,如图1-1 所示。据估计,到 2019 年年底中国产生的污泥约有 29.3%[3904 万吨,污泥含水率（Wc）为 80%]进行土地利用,其次是焚烧（26.7%）和卫生填埋（20.1%）,而建材（15.9%）和其他（8.0%）的处置占比最低。《中国污泥处理处置市场分析报告（2014 版）》显示,污泥处理处置成本区间在 150～200 元/吨,平均成本为 270 元/吨[26]。

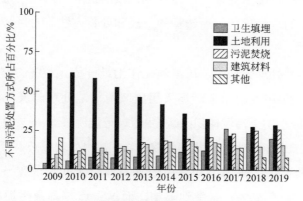

图 1-1　不同污泥处置方式所占百分比[25]

1.3.2　厌氧消化处理技术的优势及难点

在过去的几十年中,污泥处理的方法主要是土地应用（作为农业肥料）、焚烧和填埋。剩余污泥的土地应用（高营养特性）结合传统肥料可改善由高密度耕种引起的有机物和营养物质的过度流失。但污泥的农业应用也可能带来污染[微量污染,如真菌、重金属、多环芳烃（PAH）、多氯联化（二）苯（PCB）、二噁英]。从作物质量和人类健康角度考虑,重金属或者有机微量污染的农业土壤会对土壤的肥力以及食物链产生负面影响[27],因此,各国对土地应用的污泥标准要求越来越严格。为了使剩余污泥在土地应用过程中对人类危害的可能性降到最低,常需要采用不同的化学处理工艺去除剩余污泥中的重金属[28],从而降低了其农业应用的价值。由于剩余污泥中包含重金属、病菌和有机污染物,因此,采用剩余污泥填埋法来防止剩余污泥对人类和家畜健康的危害[29]。然而,城市土地可利用性低及土地利用制度严格导致填埋设备和运营成本持续增长。焚烧法能够将污泥转化为灰分来降低剩余污泥对垃圾填埋场容量的需求，但是，焚烧过程伴随产生大量的灰分、重金属以及大量的颗粒物、CO_2 和 N_2O，因此，焚烧工艺面临的问题不仅仅是扩大设备和运行成本，还要严格地控制气体排放，以及固体废弃物（二噁英）的处理，导致焚烧系统所需要的成本更高，投资回收期长[30]。由于社会经济和环境调控，剩余污泥处理处置问题变得更严峻，废水处理部门面临着严峻的挑战。污泥产量的持续增长是对管理部门的一个挑战，所选择的处理和处置方法将对经济和环境产生巨大的影响[30]。

在多种处理方法中，厌氧消化作为最传统、经济的方法用于剩余污泥处理，大约70%的剩余污泥采用厌氧消化法处理。厌氧消化法具有以下优势：a.减小剩余污泥体积；b.产生甲烷等能源气体；c.产生具有利用价值的稳定的终产物。由此，厌氧消化成为当代污水处理厂必不可少的工艺[31]。然而，厌氧消化在应用上常常由于水力停留时间长（20～50d）和降解效率低（20%～50%）而受到限制，而这一点与剩余污泥的水解速率密切相关（厌氧消化三个阶段：水解、酸化和产甲烷）[32]。因此，为实现高效的污泥降解，厌氧消化过程中采用大型的反应器和较长的停留时间是必要的。尽管如此，剩余污泥的降解速率最高才达到40%[33]。剩余的不能水解的部分主要为无机含碳化合物和难降解有机物[34]。剩余污泥主要由微生物、有机物和无机物组成，这些物质通过微生物胞外聚合物和阳离子连接到一起形成聚合的网状结构[35]。厌氧消化过程中，胞外聚合物和微生物包裹在活性絮凝体中形成物理和化学的屏障，限制了污泥的水解速率和降解程度[36,37]。微生物的细胞膜是一种半刚性结构，以足够的刚性强度使细胞免于渗透伤害，加之细胞膜由贯穿多肽链的多糖组成，可以使细胞免于生物降解[38]。基于目前剩余污泥絮凝体团化的观点，剩余污泥水解的关键是胞外聚合物和二价阳离子，相对于微生物细胞在絮凝体中的作用，胞外聚合物和二价阳离子的构成决定了絮凝体的结构、完整性和强度[39]。破坏胞外聚合物和二价阳离子结构可以有效地强化剩余污泥生物降解速率和程度，同时提高污泥脱水率[40,41]。因此，可以通过预处理技术破坏/瓦解污泥絮凝体，提高剩余污泥的生物降解性。采用预处理技术不但可以加速水解速率，还可以提升污泥的生物降解性和脱水性，减少病原体并减少泡沫量[42]。

通常，预处理技术是基于微生物水解隐性生长的。区别于以原始有机物为底物的生长，在水解产物基础上生物量的增长称为隐性生长[43]。微生物隐性生长分为两个阶段：水解和生物降解。剩余污泥水解过程中，微生物细胞水解或者死亡的同时释放细胞内容物（溶解产物），使溶解性化学需氧量（SCOD）升高。这些有机物被生物代谢作用所利用，并且一部分碳作为呼吸作用的产物（CO_2）释放出来，从而，通过水解过程整体上减少微生物的生物量[3]。

预处理技术促进剩余污泥的水解，释放的可生物降解的部分作为外加的碳源氧化或利用，进一步实现了资源的再利用。采用预处理技术可以使总化学需氧量（TCOD）的溶解率达到40%～60%，使污泥产量从整体上减少30%以上[44]。因此，剩余污泥预处理具有以下优点：

① 强化水解速率、加速处理进程；

② 减少水力停留时间（HRT），可以采用小体积反应器或者同样体积的反应器大规模处理剩余污泥；

③ 提高生物气产量；

④ 提高脱水性能，体现在相对于初沉池污泥中可生物降解物质含量较低、脱水性能差的特点[45]。

参考文献

[1] 薛重华, 孔祥娟, 王胜, 等. 我国城镇污泥处理处置产业化现状、发展及激励政策需求[J]. 净水技术, 2018, 37(12):33-39.

[2] Low E W, Chase H A. Reducing production of excess biomass during wastewater treatment[J]. Water Research, 1999, 33(5):1119-1132.

[3] 张雪. 探析我国城镇污水处理厂现状与发展趋势[J]. 中国战略新兴产业, 2018, 156(24):50-51.

[4] Harrison E Z, Oakes S R, Hysell M, et al. Organic chemicals in sewage sludges[J]. Science of the Total Environment, 2006, 367(2-3):481-497.

[5] Tyagi V K, Lo S L. Sludge: A waste or renewable source for energy and resources recovery?[J]. Renewable and Sustainable Energy Reviews, 2013, 25:708-728.

[6] Xu Y, Lu Y, Dai X, et al. The influence of organic-binding metals on the biogas conversion of sewage

[7] Suanon F, Sun Q, Mama D, et al. Effect of nanoscale zero-valent iron and magnetite (Fe_3O_4) on the fate of metals during anaerobic digestion of sludge[J]. Water Research, 2016, 88:897-903.

[8] Higgins M J, Novak J T. Characterization of exocellular protein and its role in bioflocculation[J]. Journal of Environmental Engineering, 1997, 123(5):479-485.

[9] Xu Y, Lu Y, Dai X, et al. Spatial configuration of extracellular organic substances responsible for the biogas conversion of sewage sludge[J]. ACS Sustainable Chemistry & Engineering, 2018: 6(7):8308-8316.

[10] Hanum F, Yuan L C, Kamahara H, et al. Treatment of sewage sludge using anaerobic digestion in malaysia: Current state and challenges[J]. Frontiers in Energy Research, 2019, 7:19.

[11] Zhen G, Lu X, Kato H, et al. Overview of pretreatment strategies for enhancing sewage sludge disintegration and subsequent anaerobic digestion: Current advances, full-scale application and future perspectives[J]. Renewable and Sustainable Energy Reviews, 2017, 69:559-577.

[12] Roig N, Sierra J, Martí E, et al. Long-term amendment of Spanish soils with sewage sludge: Effects on soil functioning[J]. Agriculture Ecosystems & Environment, 2012, 158(3):41-48.

[13] Houillon G, Jolliet O. Life cycle assessment of processes for the treatment of wastewater urban sludge: energy and global warming analysis[J]. Journal of Cleaner Production, 2005, 13(3):287-299.

[14] Suthar S. Pilot-scale vermireactors for sewage sludge stabilization and metal remediation process: Comparison with small-scale vermireactors[J]. Ecological Engineering, 2010, 36(5):703-712.

[15] Samolada M C, Zabaniotou A A. Comparative assessment of municipal sewage sludge incineration, gasification and pyrolysis for a sustainable sludge-to-energy management in Greece[J]. Waste Management, 2014, 34(2):411-420.

[16] Donatello S, Cheeseman C R. Recycling and recovery routes for incinerated sewage sludge ash (ISSA): A review[J]. Waste Management, 2013, 33(11):2328-2340.

[17] Valderrama C, Granados R, Cortina J L, et al. Comparative LCA of sewage sludge valorisation as both fuel and raw material substitute in clinker production[J]. Journal of Cleaner Production, 2013, 51:205-213.

[18] Pavšič P, Mladenovič A, Mauko A, et al. Sewage sludge/biomass ash based products for sustainable construction[J]. Journal of Cleaner Production, 2014, 67:117-124.

[19] Wu K, Shi H, Guo X. Utilization of municipal solid waste incineration fly ash for sulfoaluminate cement clinker production[J]. Waste Management, 2011, 31(9-10):2001-2008.

[20] Chen M, Denise B, Mathieu G, et al. Environmental and technical assessments of the potential utilization of sewage sludge ashes (SSAs) as secondary raw materials in construction[J]. Waste Management, 2013, 33(5):1268-1275.

[21] Wu K, Shi H, Guo X. Utilization of municipal solid waste incineration fly ash for sulfoaluminate cement clinker production[J]. Waste Management, 2011, 31(9):2001-2008.

[22] Cusidó J A, Cremades L V. Environmental effects of using clay bricks produced with sewage sludge: Leachability and toxicity studies[J]. Waste Management, 2012, 32(6):1202-1208.

[23] Wolff E, Schwabe W K, Conceição S V. Utilization of water treatment plant sludge in structural ceramics[J]. Journal of Cleaner Production, 2015, 96:282-289.

[24] Bernardo E, Dal Maschio R. Glass-ceramics from vitrified sewage sludge pyrolysis residues and recycled glasses[J]. Waste Management, 2011, 31(11):2245-2252.

[25] Wei L, Zhu F, Li Q, et al. Development, current state and future trends of sludge management in China: Based on exploratory data and CO_2-equivaient emissions analysis[J]. Environment International, 2020, 144:106093.

[26] 闫旭, 甄茜, 蔡婕, 等. 污染处理处置行业政策研究 [J]. 中国市场, 2017, 000(005): 106-108.

[27] Andreottola G, Foladori P. A review and assessment of emerging technologies for the minimization of excess sludge production in wastewater treatment plants[J]. Journal of Environmental Science and Health, Part A, 2006, 41(9):1853-1872.

[28] Hsiau P C, Lo S L. Extractabilities of heavy metals in chemically-fixed sewage sludges[J]. Journal of Hazardous Materials 1998, 58(1-3):73-82.

[29] Münnich K, Mahler C F, Fricke K. Pilot project of mechanical-biological treatment of waste in Brazil[J]. Waste Management, 2006, 26(2):150-157.

[30] Rai C, Rao P. Influence of sludge disintegration by high pressure homogenizer on microbial growth in sewage sludge: An approach for excess sludge reduction[J]. Clean Technologies and Environmental Policy, 2009, 11(4):437-446.

[31] Mata-Alvarez J, Macé S, Llabrés P. Anaerobic digestion of organic solid wastes: An overview of research achievements and perspectives[J]. Bioresource Technology, 2000, 74(1):3-16.

[32] 戴前进, 方先金, 邵辉煌. 城市污水处理厂污泥厌氧消化的预处理技术 [J]. 中国沼气, 2006, 25(2):11-14.

[33] Neis U. Ultrasound in water, wastewater and sludge treatment[J]. Water 21, 2000, 11(6):36-39.

[34] Elliott A, Mahmood T. Pretreatment technologies for advancing anaerobic digestion of pulp and paper biotreatment residues[J]. Water Research, 2007, 41(19):4273-4286.

[35] Frølund B, Palmgren R, Keiding K, et al. Extraction of extracellular polymers from activated sludge using a cation exchange resin[J]. Water Research, 1996, 30(8):1749-1758.

[36] Tang B, Yu L, Huang S, et al. Energy efficiency of pre-treating excess sewage sludge with microwave irradiation[J]. Bioresource Technology, 2010, 101(14):5092-5097.

[37] Vavilin V A, Lokshina L Y. Modeling of volatile fatty acids degradation kinetics and evaluation of microorganism activity[J]. Bioresource Technology, 1996, 57(1):69-80.

[38] Appels L, Baeyens J, Degrève J, et al. Principles and potential of the anaerobic digestion of waste-activated sludge[J]. Progress in Energy and Combustion Science, 2008, 34(6):755-781.

[39] Novak J T, Sadler M E, Murthy S N. Mechanisms of floc destruction during anaerobic and aerobic digestion and the effect on conditioning and dewatering of biosolids[J]. Water Research, 2003, 37(13):3136-3144.

[40] Park K Y, Ahn K H, Maeng S K, et al. Feasibility of sludge ozonation for stabilization and conditioning[J]. Ozone: Science & Engineering, 2003, 25(1):73-80.

[41] Örmeci B, Aarne Vesilind P. Effect of dissolved organic material and cations on freeze-thaw conditioning of activated and alum sludges[J]. Water Research, 2001, 35(18):4299-4306.

[42] Müller J A. Prospects and problems of sludge pre-treatment processes[J]. Water Science & Technology, 2001, 44(10):121-128.

[43] Mason C A, Hamer G, Bryers J D. The death and lysis of microorganisms in environmental processes[J]. FEMS Microbiology Letters, 1986, 39(4):373-401.

[44] Øegaard H. Sludge minimization technologies: An overview[J]. Water Science & Technology, 2004, 49(10):31-40.

[45] Mao T, Hong S Y, Show K Y, et al. A comparison of ultrasound treatment on primary and secondary sludges[J]. Water Science & Technology, 2004, 50(9):91-97.

▶▶ 第2章

污泥物化处理技术

2.1 热/冻融预处理

热预处理是用于改善污泥厌氧消化水解效能的重要技术手段[1-3]。在高温处理条件下，剩余污泥和其他废弃生物质的微生物细胞膜被分解，释放出大量可溶的有机底物，这些底物在消化过程中很容易被水解利用[2,4,5]。同时，热处理可以有效杀灭病原体，同时可以有效去除异味和提高污泥脱水能力[1,6,7]。目前，剩余污泥的热预处理已采用的温度范围为50～250℃[2]。根据预处理温度，污泥热预处理方法可分为低温热水解（<100℃）、高温热水解（>100℃）和冻融预处理（表2-1）[8]。

表2-1 污泥热预处理比较

技术	机制及处理条件	效果	缺点	参考文献
低温热水解	（1）污泥处理温度低于100℃；（2）促进体系内嗜热菌水解有机颗粒	（1）有效杀灭病原体；（2）甲烷产量增加10%～100%；（3）VS（挥发性固体）减少20%以上	（1）病原体可能活化；（2）可能导致复杂有机物降解率低	[6,8]
高温热水解	（1）污泥处理温度高于100℃；（2）破坏细胞壁和细胞膜，形成蛋白质	（1）完全清除病原体，使其不能再活化；（2）降解大量的蛋白质；（3）甲烷产量增加10%～150%；（4）VS减少10%以上；（5）蛋白水解增加30%～40%	（1）尽管蛋白质溶解度较高，氨的释放仍未达到理想水平；（2）需要时间保持较高的温度	[1,8,9]
冻融预处理	（1）污泥采用冻融处理；（2）增加脱水能力，实现固液分离；（3）在-20℃以下以较慢的速度冷冻会产生较好的效果	（1）蛋白水解增加30%～40%；（2）能够水解复杂有机物；（3）VS减少16.9%；（4）污泥最好处于寒冷环境	（1）没有显著增加产气量；（2）没有考虑常规环境下剩余污泥预处理的效果	[10-12]

2.1.1 低温热水解

低温热水解通常采用低于100℃的温度来改善污泥厌氧消化性能。该技术可以刺激嗜热细菌溶解有机颗粒并提高生物降解性能[6,13]。采用温度条件为70℃的低温热水解还可以有效地从污泥中去除病原体[14]。De los Cobos-Vasconcelos 等[14]在不同温度下对无病原体的剩余污泥进行预处理，发现采用70℃的温度条件处理1h效果最佳,然而,在厌氧中温消化池中观察到病原体重新活化。此外,该研究引入了快速冷却步骤,该步骤采用NaCl冰浴快速冷却,然后在70℃下进行热预处理1h,发现厌氧中温消化过程中没有病原体重新活化。

Nazari等[6]构建了市政废水污泥的低温热预处理理想条件,研究结果表明预处理的最佳温度为80℃,处理时间为5h,pH值为10。在此条件下,SCOD增至18.3%±7.5%,VS降至27.7%±12.3%。这表明在高温、延长反应时间和碱性条件下更有利于有机片段的水解。Liao等[13]在60℃、70℃和80℃条件下处理剩余污泥30min,其水解率分别达到了9.1%、13.0%和16.6%,后续产气量分别提高7.3%、13.0%和16.6%。在另一项研究中,采用超声和低温(55℃)热水解联合预处理污泥,发现污泥溶解性、酶活性和厌氧消化效能均有改善[15]。与原始剩余污泥厌氧消化相比,超声和低温热水解预处理后污泥厌氧消化的甲烷产率提高了50%。Eskicioglu等[16]通过对比微波加热和传统水浴加热(96℃预处理后,中温厌氧消化15d)发现两种加热方法水解效果相同,但微波加热处理组甲烷产量要稍高于水浴加热处理组,约为16%。这些研究均证明低温热水解预处理可加速污泥厌氧消化并提高沼气产量。

2.1.2 高温热水解

高温热水解技术是指处理污泥的温度高于100℃,高温预处理通常会促进污泥有机颗粒的物理分解和溶解[8]。在125～175℃的温度范围内进行热预处理可使剩余污泥转化为易于缓慢降解的有机质[17]。同时,生物热处理能有效破坏微生物细胞壁和膜的结合,从而使污泥中蛋白质更易于生物降解。

污泥高温热水解处理条件与效果如表2-2所列。

一般来说,甲烷的产量和污泥的化学需氧量释放量呈线性关系[18]。然而,Dwyer等[19]研究发现,当处理温度达到150℃以上时,水解率增加,但甲烷的产量不变。高温(高于170～190℃)条件处理可以使水解率提高,也会导致污泥生物降解性能降低,这种现象称为Mailard反应[19],即碳水化合物和氨基酸形成一种难于降解或者不能降解的蛋白黑素[20]。蛋白黑素增加了污泥厌氧消化的色度，导致最终出水的色度升高[19]。因此，甲烷产量的提高依赖于污泥的初始生物降解性能，难降解污泥对甲烷产量的影响尤为显著[18]，对活性污泥的处理效果优于初沉污泥[21]。尽管高温热水解很大程度上减弱了污泥龄对污泥脱水性能的影响，但较长的污泥龄仍然对污泥脱水性能有重要影响[22]。热水解在提高水解速率的同时[23]，使厌氧消化过程 VS 降解率达到 40% 以上[24]。

表 2-2　污泥高温热水解处理条件与效果

厌氧消化条件	处理条件	结果	参考文献
CSTR，35℃，HRT 15d	175℃，30min	CH_4 产量从 115mL/g COD_{in} 提高到 186mL/g COD_{in}（+62%）	[32]
CSTR，35℃，HRT 15d	175℃，30min	CH_4 产量 252mL/g COD_{in}	[32]
CSTR，35℃，HRT 15d	175℃，30min	CH_4 产量从 205mL/g COD_{in}① 提高到 234mL/g COD_{in}（+14%）	[32]
SBR，37℃，8d	180℃，60min	CH_4 产量增加（+90%）	[33]
城市污水处理厂，HRT 17d	165~180℃，30~60min	产电量增加（+20%）	[30]
CSTR，36℃，HRT 20d	121℃，60min	产气量从 350mL/g①提高到 420mL/g	[34]
SBR，37℃，7d	121℃，30min	产气量从 3657L/m³ 污泥①提高到 4348L/m³ 污泥（+32%）	[35]
SBR，20d	170℃，1min，0.8MPa	产气量增加（+49%）	[29]
SBR，35℃，24d	170℃，60min	产气量增加（+45%）	[36]
CSTR，35℃，20d	170℃，60min	CH_4 产量从 88mL/g COD_{in}① 提高到 142mL/g COD_{in}（+61%）	[36]
MBR，37℃，HRT 2.9d	175℃，40min	TSS 去除率达到 65%	[9]
SBR，35℃，24d	170℃，30min	CH_4 产量从 221mL/g COD_{in}① 提高到 333mL/g COD_{in}（+76%）	[37]
CSTR，35℃，20d	170℃，30min	CH_4 产量从 145mL/g VS_{in}① 提高到 256mL/g VS_{in}（+51%）	[38]
SBR	170℃，30min，7bar	CH_4 产量增加（+50%）	[39]
连续流，HRT 12d	170℃，30min，7bar	产气量增加（+40%~50%），产电量增加（+40%）	[39]

注：1. CSRT—连续搅拌反应系统。

2. HRT—停留时间。

3. MBR—膜一体化冷水处理系统。

4. SBR—序批或活性污泥法。

5. 1bar=10^5Pa。

6. 下角 in 表示进水，后同。

① 未预处理厌氧消化性能。

此外，污泥的水解速率不但取决于处理温度，还取决于处理时间[1]。目前，大多数研究集中在 160～180℃温度范围内，处理时间在 30～60min 之间。Aboulfoth 等[25]研究得出初沉池污泥和剩余活性污泥混合物中难降解有机物溶解的最佳温度范围是 175～200℃。研究表明，在处理温度为 175℃、处理时间为 60～120min 和 60～240min 的条件下，COD 的溶解率从 11.25%分别增加到 15.1%和 25.1%，且由于高温预处理的影响，沼气的产量有所变化。Climent 等[26]研究表明，高温处理对甲烷产量没有显著影响，而 Carrère 等[18]发现高温预处理可将沼气产量提高多达 150%。并且高温条件下，压力作为热处理辅助条件，压强范围一般为 600～2500kPa[27]。然而，在这个温度范围内，处理时间对预处理效果的影响较小[28]。Dohanyos 等[29]研究发现在 170℃条件下对剩余污泥处理时间仅需 60s。此外，预处理温度和污泥特性在一定程度上决定了氨的溶解度。在较高的温度下，大量的蛋白质被水解，但仍很少有蛋白质降解为氨。Graja 等[9]研究证实在 175℃条件下，蛋白质溶解度增加了 32%，但是，其中只有 20%转化为氨。

热处理的优势是可以使剩余污泥安全化，并降低污泥黏稠度，由于能源可以由剩余污泥产生的生物气提供，实现能量平衡，而不需要提供额外能量[30]。热处理的缺点是大幅度提高了可溶惰性有机物和出水色度[19]，提高氨抑制作用[31]，以及由小颗粒物质的增加导致污泥离心沉降性差或者固化性能差。

目前，一些工业工艺如 Cambi[30]已经开始商业化，工艺采用蒸汽注入法使处理温度维持在 150～160℃范围内，处理时间为 30～60min。1995 年，第一个 Cambi 工艺在挪威的 HIAS 污水处理厂运行。通过能量平衡证明热水解能提高 20%的产电量[30,40]。目前，采用热处理法运行，获得的结果如下：

① 产气量提高（沼气），并且有机物的去除率达到 60%左右；
② 污泥总体积减小，污泥饼中总固体含量（TS）高于 30%；
③ 有机负荷达到 5～6kg VS/(m^3·d)，为了降低能量的需求，已针对热处理前污泥的沉降以及处理过程中热流的回用开展研究[41]。

2.1.3 冻融预处理

在寒冷地区，冻融技术可以用作污泥预处理的替代方法。这种方法通过形成冰晶提高污泥脱水能力，并实现固体和液体部分的分离[42]。冷冻可将污泥絮凝体转化为高度致密结构，同时减少污泥含水量。与在 –80℃ 下快速冷冻的污泥相比，在 –20 ～ –10℃ 下缓慢冷冻的污泥脱水效果更好[12]。Montusiewicz 等[42] 对冻融处理混合剩余污泥效果的研究发现，采用冻融处理污泥 TCOD 降低了 12%，VS 降低了 16.9%，然而，沼气产量仅增加了 1.5%。这表明冻融预处理可能有助于生物量减少，但不能提高沼气产量。Hu 等[43] 证明冻融预处理不仅能够提高污泥的脱水能力，而且可以促进污泥基质中复杂有机物的增溶。冻融是寒冷环境中的常见自然现象，因此，沉积在外部寒冷地区环境中的剩余污泥的处理可能得益于厌氧消化之前的冻融作用[8]。

2.2 物理/机械预处理

物理/机械预处理主要是通过分解污泥固体颗粒，减小污泥颗粒粒径，进而增加污泥颗粒表面积，增强污泥厌氧消化工艺效能。研究表明，大颗粒污泥影响 COD 的去除率，进而降低沼气的积累。这里主要介绍超声处理、高压均质处理和微波辐射处理三个方面。

2.2.1 超声处理

超声处理可以机械地破坏剩余污泥的细胞结构和絮凝体结构。超声处理的关键机制是气穴现象，即低频超声和高频超声过程中形成 $\cdot OH$、$HO_2 \cdot$ 和 $H \cdot$ 的化学反应，根据处理时间和能量输入发现，在污泥处理过程中，低频（20 ～ 40kHz）效率最高[44]。污泥超声处理的机械现象是污泥絮凝体解体和微生物细胞的水解。水解需要的能量输入高，并且活性较低的微生物先被水解[45]。Salsabil 等[46] 采用流式细胞仪研究发现 20kHz 和 60W 超声条件不能破坏细胞膜结构（TS=7.8g/L）。Li 等[47] 研究发现细胞只有在破坏程度超过 40% 时才能够水解（SCOD/$SCOD_{max}$）。

尽管污泥水解效能随着能量输入的增加而增加，但考虑到能量消耗及厌氧消化性能，剩余污泥的水解通常采用能量投入的临界点，临界点的范围在 1000～16000kJ/kg TS，并依赖于总固体（TS）的浓度[46,48]。另外，高浓度污泥需要的临界点较低（高效性）；气穴现象形成的气泡有很大的可能性包裹着污泥颗粒。Show 等[49]优化的超声处理中所需固体浓度范围为 2.3%～3.2%，如果固体浓度过高，使污泥黏度增加，将阻碍气泡的形成，并产生局部高温和高压，这可能导致运行故障、探头腐蚀和设备使用寿命缩短[50]。在序批式实验中，通过超声预处理的污泥，产气量可以增加 24%～140%，在半连续流实验中，产气量可以提高 10%～45%。出现这种现象主要是由于悬浮性固体颗粒物的破坏率的增加或者反应器有机负荷的增加。超声在活性污泥工艺中的应用是多方面的[51]。例如，超声对活性污泥脱水性能的影响具有双面性。Kim 等[52]对延长超声处理时间对污泥脱水性能的影响进行研究发现，污泥的脱水性能随着处理时间的增加呈现先降低后增高趋势。Li 等[47]发现只有在污泥破碎程度在 2%～5% 之间时能够提高污泥的脱水性能。提高污泥的沉降性也可以通过超声处理实现[53]。超声的另一个优势是能有效缓解污泥膨胀问题和潜在的发泡现象[54,55]。

目前，超声作为厌氧消化预处理广泛应用于污水处理厂，如德国班贝格的污水处理厂[55]。Xie 等[56]通过超声设备换算净能量，即产生电能和消化能量的比率，在新加坡实验的结果显示，如果电能产量为 2.2kW·h/m³ CH_4，能量比率为 2.5 时甲烷的产量可以增加 45%。

2.2.2 高压均质处理

高压均质是采用 900bar（1bar=10^5Pa）的压力使污泥通过均质化完成处理过程[57]，这个工艺主要应用于剩余污泥厌氧消化过程。部分消化后的污泥在 150bar 条件下二次处理，产气提高量为 30%，污泥体积可以减少 23%，但污泥的脱水率有所降低[34]。基于污泥加压和减压的处理工艺是非常经济可行的方法，例如：

① 快速非平衡减压术，RnD® 工艺。污泥在 1bar 以上的压力条件下压

缩，使气体溶解在污泥中，通过气体快速扩散，并在细胞壁间运输穿梭，然后气化污泥流进减压区。这种快速、非平衡减压导致高剪切速率和不可逆的细胞破碎，污泥颗粒尺寸迅速减小，并释放间隙水形成污泥流。生物气产量可从 0.3～0.6m^3/kg VS 增加到 0.48～0.82m^3/kg VS[58]。

② Microsludge® 工艺（百里登环境技术有限公司）。为了破坏细胞壁，首先采用化学试剂处理污泥，使污泥的 pH 值达到 11 或 2，然后在 830bar 高压条件下处理污泥。这项工艺主要应用于洛杉矶的污水处理厂，处理剩余污泥时，采用剩余污泥和初沉污泥的质量比为 68:32 的混合物进行消化，其污泥降解率可以从 50% 提高到 57%[59]。

机械处理的优点是利用剪切力来完成剩余污泥的预处理，不会产生刺鼻气味，且只需相应设备，在污水处理厂内部即可完成。缺点是由于污泥中所含组分复杂，机械设备容易受腐蚀和堵塞，且机械处理不会达到灭菌的效果。

2.2.3　微波辐射处理

微波辐射预处理是剩余污泥厌氧消化前的另一种物理预处理方法。微波辐射预处理主要在 1mm～1m 的波长下进行，相应的频率为 300MHz 和 300GHz[60]。据报道，采用微波预处理可使沼气产量增加 50%，从而实现有效地溶解污泥有机化合物[61]。此外，剩余污泥厌氧消化的微波预处理通常是以半连续流模式将甲烷产率提高了 20%，生物降解性提高了 70%[62]。Park 和 Ahn 研究了微波预处理对污泥厌氧消化期间初沉池污泥和二沉池污泥混合物的影响，发现 SCOD 与 TCOD 的比率增加了 3.2 倍，VS 去除率达到了 41%。在水力停留时间减少 5d 的同时，每日沼气产量增加了 53%。除了提高沼气产量外，微波辐射还有助于在厌氧消化期间破坏污泥体系中的病原微生物。Kuglarz 等[63]证明采用 70℃微波预处理（900W；水力停留时间为 15～25d）可使产气荚膜梭菌（*Clostridium perfringens*）减少 50%，总细菌减少 77%，沙门氏菌（*Salmonella* spp.）和大肠杆菌（*E.coli*）减少 100%。此外，与未处理的污泥相比，甲烷产量增加了 35%。

2.3 化学预处理

化学预处理是处理复杂有机废物的最有前景的方法，主要是利用化学试剂（如酸、碱和氧化剂）水解污泥，改善污泥的生物降解性来提高沼气产量[8]。针对厌氧消化，主要采用的化学预处理方式包括碱处理、酸处理以及氧化法。但是，化学预处理不适用于易生物降解的物质[64]。化学预处理的效果主要取决于有机化合物的特性、应用的方法类型和所使用的化学品种类。

2.3.1 氧化法

最常用的化学预处理方法是氧化法，氧化法可以通过提高臭氧剂量促进部分污泥水解[65]。与其他化学预处理相比，该方法不会增加体系中盐浓度，也不会产生任何化学残留物[66]。臭氧可以与有机物质直接或间接发生反应，反应过程主要取决于反应物的结构，其中，臭氧间接反应是基于羟基自由基的，而直接反应则涉及迅速将臭氧分解成自由基。这些反应有利于改善难降解有机物的生物降解性[67]。但是过高浓度的臭氧促进溶解性有机物的迅速氧化会导致水解率的降低[68]。Ak 等[69]发现污泥采用臭氧预处理后厌氧消化阶段沼气产量增加了200%。进一步研究发现，当臭氧流量为1L/min、处理时间为15min时，甲烷产量最大值为318.38mL/g VS[70]。此外，臭氧剂量为0.15g O_3/g TS 可以使剩余污泥 SCOD 从4%增加到37%，沼气产量增加了2.4倍[71]。臭氧氧化工艺首次应用是在活性污泥废水处理工艺中[72]。浓缩污泥在投加臭氧（0.02g O_3/g TS）后，注入好氧池中，但出水中氮气的浓度和悬浮性固体浓度较高。Chu 等[73]研究了臭氧氧化和活性污泥结合工艺。日本的 Kurita 公司大约有30个设备采用此项工艺[74]。氧化工艺也应用于厌氧消化后处理和再循环利用中[75,76]。Goel 等[75]研究发现在厌氧消化后处理和再循环利用中氧化工艺性能较高和臭氧消耗低。

过氧化氢（H_2O_2）处理也属于污泥预处理氧化工艺。在 H_2O_2 投加量为2g H_2O_2/g VSS、氧化温度为90℃的条件下，厌氧消化过程中 SCOD 的去除率比37℃条件下显著提高[77]。此外，应用于再循环利用后，处理的污泥量达到 20%。同时，H_2O_2 预处理过程实现了高效去除厌氧消化、高温氧化和二沉池的渣滓中的大肠菌群[77]。过氧乙酸（PAA）同样具有能够与有机化合物反应的羟基自由基，并且利用过氧乙酸氧化不会产生任何副产物[78]。投加 30mg PAA/g 剩余污泥处理 120min 后，污泥总固体降低了 24.5%，VS 浓度降低了 39.0%，与对照相比，后续厌氧消化沼气产量增加了 20%[79]。H_2O_2 和亚铁离子的混合物（Fenton 工艺）通常用于污泥高级氧化[8]。利用 Fenton 法催化氧化［0.067g Fe(Ⅱ)/g H_2O_2 和 60g O_3/kg TS］降低污泥脱水阻力进而提高污泥脱水性能，但是在污泥带压模拟中污泥脱水性能没有提高[80]。湿氧化法同样适用于剩余污泥处理，水解片段可在 UASB 反应器中进行进一步的厌氧消化[81,82]。

化学氧化法预处理剩余污泥，能有效提高剩余污泥的有机物溶出率，但同时也会将污泥中的部分有机物质氧化为 CO_2，从而导致甲烷的产率并没有因为有机物去除率的增加而明显增加。除此之外，化学氧化法的处理成本一般较高，目前尚处于实验室研究阶段。

以上研究表明，氧化预处理（臭氧化、过氧化、过氧乙酸和 Fenton 工艺）可提高污泥的水解效果和沼气产量。但是，过氧化腐蚀可能会限制这些预处理的实际应用。

2.3.2 碱处理

碱处理在污泥水解过程中是非常有效的，按效率排序为：NaOH>KOH>$Mg(OH)_2$ 和 $Ca(OH)_2$[35]。然而高浓度的 Na^+ 或者 K^+ 将抑制进一步的厌氧消化[83]。事实证明，碱性预处理可通过破坏污泥细胞，增溶胞外聚合物并加速污泥有机物的水解来改善剩余污泥厌氧消化效能。和热处理相比，碱预处理操作简单，碱处理需要的温度通常较低，并且温度随着化学进程提高（从 120～130℃ 到 170℃），有机物的溶出率高，利于后续的厌氧消化[33,36]。而碱的投加剂量是预处理效能的关键参数，尽管高剂量通常会导致污泥有机物的大量溶解，但过高的剂量并不总是导致高溶解度，甚至会降低厌氧菌的活性[84,85]。例如，Kim 等[86]研究了不同浓度的 NaOH 对污泥有机物的影响，研究发现采用 7g/L NaOH 预处理后，污泥有机质溶解性提高了约 43.5%，进一步增加 NaOH 投加剂量至 21g/L NaOH，污泥有机质溶解速率呈缓慢下降趋势。Shao 等[87]研究发现，在 pH 值为 8 ~ 11 的情况下，沼气的产量提高了 7.2% ~ 15.4%，而在 pH 值为 12 的情况下，与对照组相比沼气的产量下降了 18.1%。因此，碱预处理的主要缺点是：碱预处理后的污泥仍呈碱性，如果不调节 pH 值，将会影响后续的厌氧消化产气阶段。与此同时，Na^+ 和 OH^- 自身也是污泥厌氧消化阶段的抑制剂，故最合适的投碱量和碱处理法对厌氧消化阶段的抑制机理还值得进一步探究[88]。

2.3.3 酸处理

对于剩余污泥厌氧消化，采用酸预处理的关注要远少于碱预处理。然而，该方法可更有效地处理剩余污泥中存在的木质纤维素类物质，主要原因是酸性条件有助于水解微生物的积累和木质素分解[8]。COD 和其他大分子有机物的水解与体系 pH 值密切相关，采用 pH 值为 3.3 的酸性条件对剩余污泥进行预处理时，TCOD 减少了 58%，VSS 减少了 52%[89]。污泥水解速率的提升进一步提高了后续甲烷的产量。Devlin 等采用 pH 2.0 的酸性条件对剩余污泥进行预处理，结果显示甲烷的产量提高了 14.3%[90]。同时，剩余污泥采用酸预处理不仅可以提高甲烷积累，而且还可以促进产氢菌的富集[91]。然而，强酸性预处理可能会导致抑制性副产物的产生，如糠醛和羟甲基糠醛[2]。但是，由于浓酸具有腐蚀性，并且可能导致中和过程中成本的增加，并可能会破坏下游工艺，因此，不建议采用强酸预处理污泥[92]。

2.4 物化联合预处理技术

单一预处理方法通常存在一定的局限性，因此，近年开展了物化联合预处理技术的相关研究。研究结果显示，提高污泥水解和厌氧生物降解效率可以通过热化学预处理方法提高甲烷产量并有效去除 VS，即在一定限度内提高处理温度，同时采用添加酸、碱或氧化性化合物等处理方式[86,93]。例如，Kim 等[86]以 121℃条件下添加 NaOH 作为污泥预处理条件考察预处理条件对污泥厌氧消化的影响，发现 VS 去除率是对照组的 2 倍。这项结果也与 Valo 等[94]的发现一致，他们发现采用热化学预处理（170℃和 pH 12），沼气产量和 VS 的去除率提高了约 72%。此外，Rivero 等[95]在 90℃条件下使用 H_2O_2 对污泥进行预处理 24h，然后再进行厌氧消化处理，发现甲烷产量增加了 38%。微波 - 碱预处理是另一种有效的污泥预处理技术。Doğan 和 Sanin[96]发现，与对照组相比，采用微波 - 碱预处理后的污泥 VS 去除率增加了 35%，甲烷产量增加了 53%。碱处理（pH=12，NaOH）结合微波处理（160℃）比单独微波处理的甲烷产量增加了 10%[96]。但碱处理会增加消化污泥中矿物质的浓度[36,97]，且污泥的脱水性能也随着 KOH 投加的增加而减弱[98]。

此外，联合预处理方法还包括高压 -O_3、超声 - 碱、超声 -O_3、机械 - 碱和电化学等，这些预处理方法已被证明可用于水解污泥絮状结构，增加有机质溶解性并改善厌氧生物降解性[8]。例如，Fang 等[84]研究了碱与高压的联合，发现在厌氧生物降解性方面，高压均质 - 碱预处理比单一碱预处理或单一高压均质预处理能更有效地水解污泥。Kim 等[99]证明采用超声波 - 碱预处理后，污泥有机质溶解性和沼气产量分别增加了 50%～70% 和 38%～55%。Tian 等[100]发现超声波 -O_3 预处理，沼气产量增加了 26%～36%，VS 降低了 18%～21%。Cho 等[101]研究了机械 - 碱预处理的效果，发现甲烷产量增加了 8.3 倍。Xu 等[102]发现，沼气产量比对照分别增加了 63.4%（电化学处理）、32.1%（热处理）、52.8%（热碱预处理）和 41.4%（碱处理）。

2.5 预处理技术能耗

预处理技术中的能量消耗情况是技术是否可以后续应用的重要考察方面。在处理过程中能量消耗的成本问题主要集中在能量利用与利用能量生产的生物气的能量是否匹配。能量输入主要依赖于采用的预处理方法，其次是剩余污泥的组成、运行和环境条件，以及应用的设备等。

目前，已应用的反应器的能量输出和性能如表 2-3 所列。表中填料浓度以 kg 料与污泥中 VS 的比例为衡量单位。

表 2-3 预处理能耗比较分析

预处理方法	处理条件	填料浓度/%	VS破坏率/%	电能消耗/(kW·h/kg VS)	热能消耗/(kW·h/kg VS)	混合气/(kW·h/kg TS)	参考文献
无-中温	—	6	40	0.04	0.5	1.9	[106,107]
无-高温	—	6	50	0.03	1.0	2.4	[108]
生物（热）	70℃，9~48h	6	50	0.03	1.0	2.4	[105,109,110]
热水解	170℃，15~30min	9	60	0.04	2.0	2.9	[30,41,111]
超声	100W，16s，30kW/m³	6	50	0.37	0.5	2.4	[110,112]
高压	200bar	6	50	0.33	1.0	2.6	[113]

厌氧消化过程主要的能量消耗为电能和热能。电能需求主要用于填料和搅拌，其需求量大约为 0.1~0.2kW·h/(m³·d)[103]。以 0.12kW·h/(m³·d) 作为能耗分析条件，采用中温条件下水力停留时间为 20d 和高温条件下水力停留时间为 15d 为分析条件。加热需要热容加上大约 10% 的热量损失（中温条件下）或 20% 的热量损失（高温条件下），保温采用适宜的绝缘装置。并且，热量回收可以进一步减少热能的损耗和成本，但不是必要的条件。通常 VS 与 TS 的比例为 80%，COD 与 VS 的比例为 1.5g COD/g VS。发热量和热容采用标准方法计算，以工业用设备或最佳参数条件为例，在以 200bar 作为高压匀浆预处理条件下，170℃用于高温水解反应。能量在电效能和热效能上不做区分，但是大多数废电能设备可以产生大约 30%~40% 的电和 40%~50% 的热量。因此，热处理的优势之一是应用的热能可以来源于生物气。与废水处理工艺采用的热量相比，这种热能通常都是过量的。

通常情况下，中温和高温工艺需要有充足的热能和电能，这与目前所了解的情况一致。在寒冷的气候条件下，采用中温工艺，通常在难降解底物降解过程中获得足够的能量用于自身加热[104]。Ferrer 等[105]对不同预处理做了进一步的比较，发现：

① 与高温预处理的性能和能量消耗相比，热水解预处理反应过程中温

度变化相对较小,能耗较低。

② 高温预处理条件下,温度对反应影响较剧烈,需要较多的热能,因此污泥降解性能提高的同时需要充足的能量。在工艺应用时,降低热量损失或者提高整体反应的电能积累非常有必要。

③ 机械预处理对于剩余污泥的影响较温和,所有机械形式的水解作用均能在一定程度上提高总产气量,但是能量消耗量大约为 0.3kW·h/kg VS,可以提高的产气量大约为 0.5kW·h/kg VS,同时获得了 30% 的电量积累,说明反应过程中能量平衡可以忽略。

机械预处理的能量利用效率可以通过剩余污泥的浓缩作用得到提高[110,112],但会增大剩余污泥的黏度和能量的消耗[113]。臭氧和化学预处理工艺由于信息量不足而没有进行比较。由于所有的预处理技术都有设备的损耗,因此,热水解的实用性显著高于机械预处理[114]。通常,联合工艺如控制气味和剩余污泥回收设备的成本作为基础设施的费用超过实际预处理设备的费用[114]。剩余污泥的水解-离心的投资和运行成本几乎是最低的,尤其是作为一个联合设备用于强化水解装置。其他用于提高消化停留时间的方法,如重力带浓缩将提高剩余污泥消化性能作为一种可选择的预处理技术,可以进一步减小资金的投入。

参考文献

[1] Zhen G, Lu X, Kato H, et al. Overview of pretreatment strategies for enhancing sewage sludge disintegration and subsequent anaerobic digestion: Current advances, full-scale application and future perspectives[J]. Renewable and Sustainable Energy Reviews, 2017, 69:559-577.

[2] Ariunbaatar J, Panico A, Esposito G, et al. Pretreatment methods to enhance anaerobic digestion of organic solid waste[J]. Applied Energy, 2014, 123:142-156.

[3] Qi G, Meng W, Zha J, et al. A novel insight into the influence of thermal pretreatment temperature on the anaerobic digestion performance of floatable oil-recovered food waste: Intrinsic transformation of materials and microbial response[J]. Bioresource Technology, 2019, 293:122021.

[4] Taboada-Santos A, Braz G H R, Fernandez-Gonzalez N, et al. Thermal hydrolysis of sewage sludge partially removes organic micropollutants but does not enhance their anaerobic biotransformation[J]. Science of the Total Environment, 2019, 690:534-542.

[5] Pilli S, Yan S, Tyagi R D, et al. Thermal pretreatment of sewage sludge to enhance anaerobic digestion: A review[J]. Critical Reviews in Environmental Science and Technology, 2015, 45(6):669-702.

[6] Nazari L, Yuan Z, Santoro D, et al. Low-temperature thermal pre-treatment of municipal wastewater sludge: Process optimization and effects on solubilization and anaerobic degradation[J]. Water Research, 2017, 113:111-123.

[7] Jo H, Parker W, Kianmehr P. Comparison of the impacts of thermal pretreatment on waste activated sludge using aerobic and anaerobic digestion[J]. Water Science & Technology, 2018, 78(8):1772-1781.

[8] Neumann P, Pesante S, Venegas M, et al. Developments in pre-treatment methods to improve anaerobic digestion of sewage sludge[J]. Reviews in Environmental Science & Biotechnology, 2016, 15(2):172-211.

[9] Graja S, Chauzy J, Fernandes P, et al. Reduction of sludge production from WWTP using thermal pretreatment and enhanced anaerobic methanisation[J]. Water Science & Technology, 2005, 52(1-2):267-273.

[10] Montusiewicz A, Lebiocka M, Rożej A, et al. Freezing/thawing effects on anaerobic digestion of mixed sewage sludge[J]. Bioresource Technology, 2010, 101(10):3466-3473.

[11] Hu K, Jiang J Q, Zhao Q L, et al. Conditioning of wastewater sludge using freezing and thawing: Role of curing[J]. Water Research, 2011, 45(18):5969-5976.

[12] Wang Q, Fujisaki K, Ohsumi Y, et al. Enhancement of dewaterability of thickened waste activated sludge by freezing and thawing treatment[J]. Environmental Letters, 2001, 36(7):1361-1371.

[13] Liao X, Li H, Zhang Y, et al. Accelerated high-solids anaerobic digestion of sewage sludge using low-temperature thermal pretreatment[J]. International Biodeterioration & Biodegradation, 2016, 106:141-149.

[14] De los Cobos-Vasconcelos D, Villalba-Pastrana M E, Noyola A. Effective pathogen removal by low temperature thermal pre-treatment and anaerobic digestion for Class A biosolids production from sewage sludge[J]. Journal of Water, Sanitation and Hygiene for Development, 2014, 5(1):56-63.

[15] Neumann P, González Z, Vidal G. Sequential ultrasound and low-temperature thermal pretreatment: Process optimization and influence on sewage sludge solubilization, enzyme activity and anaerobic digestion[J]. Bioresource Technology, 2017, 234:178-187.

[16] Eskicioglu C, Terzian N, Kennedy K J, et al. Athermal microwave effects for enhancing digestibility of waste activated sludge[J]. Water Research, 2007, 41(11):2457-2466.

[17] Anderson N J, Dixon D R, Harbour P J, et al. Complete characterisation of thermally treated sludges[J]. Water Science & Technology, 2002, 46(10):51-54.

[18] Carrère H, Bougrier C, Castets D, et al. Impact of initial biodegradability on sludge anaerobic digestion enhancement by thermal pretreatment[J]. Journal of Environmental Science and Health, Part A, 2008, 43(13):1551-1555.

[19] Dwyer J, Starrenburg D, Tait S, et al. Decreasing activated sludge thermal hydrolysis temperature reduces product colour, without decreasing degradability[J]. Water Research, 2008, 42(18):4699-4709.

[20] Bougrier C, Delgenès J P, Carrère H. Effects of thermal treatments on five different waste activated sludge samples solubilisation, physical properties and anaerobic digestion[J]. Chemical Engineering Journal, 2008, 139(2):236-244.

[21] Eskicioglu C, Kennedy K J, Droste R L. Initial examination of microwave pretreatment on primary, secondary and mixed sludges before and after anaerobic digestion[J]. Water Science & Technology,

2008, 57(3):311-317.

[22] Batstone D J, Tait S, Starrenburg D. Estimation of hydrolysis parameters in full-scale anerobic digesters[J]. Biotechnology and Bioengineering, 2009, 102(5):1512-1520.

[23] Li X, Peng Y, Ren N, et al. Effect of temperature on short chain fatty acids (SCFAs) accumulation and microbiological transformation in sludge alkaline fermentation with $Ca(OH)_2$ adjustment[J]. Water Research, 2014, 61:34-45.

[24] 沙超, 段妮娜, 董滨, 等. 热处理对脱水污泥溶解特性及厌氧消化性能的影响[J]. 环境工程学报, 2012, 6(7):2422-2426.

[25] Aboulfoth M A, Gohary E H E, Monayeri O D E. Effect of thermal pretreatment on the solubilization of organic matters in a mixture of primary and waste activated sludge[J]. Journal of Urban and Environmental Engineering, 2015, 9(1):82-88.

[26] Climent M, Ferrer I, Baeza M D M, et al. Effects of thermal and mechanical pretreatments of secondary sludge on biogas production under thermophilic conditions[J]. Chemical Engineering Journal, 2007, 133(1):335-342.

[27] Weemaes M P J, Verstraete W H. Evaluation of current wet sludge disintegration techniques[J]. Journal of Chemical Technology & Biotechnology, 1998, 73(2):83-92.

[28] Neyens E, Baeyens J. A review of thermal sludge pre-treatment processes to improve dewaterability[J]. Journal of Hazardous Materials, 2003, 98(1-3):51-67.

[29] Dohanyos M, Zabranska J, Kutil J, et al. Improvement of anaerobic digestion of sludge[J]. Water Science & Technology, 2004, 49(10):89-96.

[30] Kepp U, Machenbach I, Weisz N, et al. Enhanced stabilisation of sewage sludge through thermal hydrolysis — three years of experience with full sale plant[J]. Water Science & Technology, 2000, 24(9):89-96.

[31] Batstone D J, Balthes C, Barr K. Model assisted startup of anaerobic digesters fed with thermally hydrolysed activated sludge[J]. Water Science & Technology, 2010, 62(7):1661-1666.

[32] Haug R T, Stuckey D C, Gossett J M, et al. Effect of thermal pretreatment on digestibility and dewaterability of organic sludges[J]. Journal Water Pollution Control Federation, 1978, 50(1):73-85.

[33] Tanaka S, Kobayashi T, Kamiyama K I, et al. Effects of thermochemical pretreatment on the anaerobic digestion of waste activated sludge[J]. Water Science & Technology, 1997, 35(8):209-215.

[34] Barjenbruch M, Kopplow O. Enzymatic, mechanical and thermal pre-treatment of surplus sludge[J]. Advances in Environmental Research, 2003, 7(3):715-720.

[35] Kim J, Park C, Kim T H, et al. Effects of various pretreatments for enhanced anaerobic digestion with waste activated sludge[J]. Journal of Bioscience and Bioengineering, 2003, 95(3):271-275.

[36] Valo A, Carrère H, Delgenès J P. Thermal, chemical and thermo-chemical pre-treatment of waste activated sludge for anaerobic digestion[J]. Journal of Chemical Technology & Biotechnology, 2004, 79(11):1197-1203.

[37] Bougrier C, Albasi C, Delgenès J P, et al. Effect of ultrasonic, thermal and ozone pre-treatments on waste activated sludge solubilisation and anaerobic biodegradability[J]. Chemical Engineering and Processing: Process Intensification, 2006, 45(8):711-718.

[38] Bougrier C, Delgenès J P, Carrère H. Combination of thermal treatments and anaerobic digestion to reduce sewage sludge quantity and improve biogas yield[J]. Process Safety and Environmental

Protection, 2006, 84(4):280-284.

[39] Fdz-Polanco F, Velazquez R, Perez-Elvira S I, et al. Continuous thermal hydrolysis and energy integration in sludge anaerobic digestion plants[J]. Water Science & Technology, 2008, 57(8):1221-1226.

[40] Eskicioglu C, Kennedy K J, Droste R L. Enhanced disinfection and methane production from sewage sludge by microwave irradiation[J]. Desalination, 2009, 248(1-3):279-285.

[41] Pérez-Elvira S I, Fernández-Polanco F, Fernández-Polanco M, et al. Hydrothermal multivariable approach: Full-scale feasibility study[J]. Electronic Journal of Biotechnology, 2008, 11(4):7-8.

[42] Montusiewicz A, Lebiocka M, Rożej A, et al. Freezing/thawing effects on anaerobic digestion of mixed sewage sludge[J]. Bioresource Technology, 2010, 101(10):3466-3473.

[43] Hu K, Jiang J Q, Zhao Q L, et al. Conditioning of wastewater sludge using freezing and thawing: Role of curing[J]. Water Research, 2011, 45(18):5969-5976.

[44] 李丹阳, 陈刚, 张光明. 超声波预处理污泥研究进展[J]. 环境污染治理技术与设备, 2003, 4(8):70-73.

[45] Chu C, Lee D, Chang B V, et al. "Weak" ultrasonic pre-treatment on anaerobic digestion of flocculated activated biosolids[J]. Water Research, 2002, 36(11):2681-2688.

[46] Salsabil M R, Prorot A, Casellas M, et al. Pre-treatment of activated sludge: Effect of sonication on aerobic and anaerobic digestibility[J]. Chemical Engineering Journal, 2009, 148(2-3):327-335.

[47] Li H, Jin Y Y, Rasool B M, et al. Effects of ultrasonic disintegration on sludge microbial activity and dewaterability[J]. Journal of Hazardous Materials, 2009, 161(2):1421-1426.

[48] 蒋建国, 张妍, 张群芳, 等. 超声波对污泥破解机改善其厌氧消化效果的研究[J]. 环境科学, 2008, 29(10):2815-2819.

[49] Show K Y, Mao T, Lee D J. Optimisation of sludge disruption by sonication[J]. Water Research, 2007, 41(20):4741-4747.

[50] Grönroos A, Kyllönen H, Korpijärvi K, et al. Ultrasound assisted method to increase soluble chemical oxygen demand (SCOD) of sewage sludge for digestion[J]. Ultrasonics Sonochemistry, 2005, 12(1):115-120.

[51] Vaxelaire S, Gonze E, Merlin G, et al. Reduction by sonication of excess sludge production in a conventional activated sludge system: Continuous flow and lab-scale reactor[J]. Environmental Technology, 2008, 29(12):1307-1320.

[52] Kim Y U, Kim B I. Effect of ultrasound on dewaterability of sewage sludge[J]. Japanese Journal of Applied Physics, 2003, 42(9A):5898-5899.

[53] Feng X, Lei H, Deng J, et al. Physical and chemical characteristics of waste activated sludge treated ultrasonically[J]. Chemical Engineering and Processing: Process Intensification, 2009, 48(1):187-194.

[54] Wünsch B, Heine W, Neis U. Combating bulking sludge with ultrasound[J]. TU Hamburg-Harburg Reports on Sanitary Engineering, 2002, 35:201-212.

[55] Neis U, Nickel K, Lundén A. Improving anaerobic and aerobic degradation by ultrasonic disintegration of biomass[J]. Journal of Environmental Science and Health Part A, 2008, 43(13):1541-1545.

[56] Xie R, Xing Y, Ghani Y A, et al. Full-scale demonstration of an ultrasonic disintegration technology

in enhancing anaerobic digestion of mixed primary and thickened secondary sewage sludge[J]. Journal of Environmental Engineering and Science, 2007, 6(5):533-541.

[57] Müller J, Pelletier L. Désintégration mécanique des boues activées[J]. Leau Lindustrie Les Nuisances, 1998, (217):61-66.

[58] Ecosolids. Available from: http://www.ecosolids.com/[B]. 2010/03/23.

[59] Stephenson R, Laliberte S, Hoy P, et al. Full scale and laboratory scale results from the trial of microsludge at the joint water pollution control plant at Los Angeles County[J]. Water Practice, 2007, 1(4):1-13.

[60] Aguilar-Reynosa A, Romaní A, Ma Rodríguez-Jasso R, et al. Microwave heating processing as alternative of pretreatment in second-generation biorefinery: An overview[J]. Energy Conversion & Management, 2017, 136:50-65.

[61] Beszedes S, Laszlo Z, Gdbor Szabo C H, et al. Effects of microwave pretreatments on the anaerobic digestion of food industrial sewage sludge[J]. Environmental Progress & Sustainable Energy, 2011, 30(3):486-492.

[62] Gil A, Siles J A, Martín M A, et al. Effect of microwave pretreatment on semi-continuous anaerobic digestion of sewage sludge[J]. Renewable Energy, 2018, 115:917-925.

[63] Kuglarz M, Karakashev D, Angelidaki I. Microwave and thermal pretreatment as methods for increasing the biogas potential of secondary sludge from municipal wastewater treatment plants[J]. Bioresource Technology, 2013, 134(2):290-297.

[64] Amin F R, Khalid H, Zhang H, et al. Pretreatment methods of lignocellulosic biomass for anaerobic digestion[J]. AMB Express, 2017, 72(7):1-12.

[65] 王兴华, 何若平, 武菁芃, 等. 臭氧在污泥预处理中的应用研究 [J]. 中国沼气, 2010, 28(2):27-29.

[66] Hartmann M, Kullmann S, Keller H. Wastewater treatment with heterogeneous Fenton-type catalysts based on porous materials[J]. Journal of Materials Chemistry, 2010, 20(41):9002-9017.

[67] Waring M S, Wells J R. Volatile organic compound conversion by ozone, hydroxyl radicals, and nitrate radicals in residential indoor air: Magnitudes and impacts of oxidant sources[J]. Atmospheric Environment, 2015, 106:382-391.

[68] Yeom I T, Lee K R, Ahn K H, et al. Effects of ozone treatment on the biodegradability of sludge from municipal wastewater treatment plants[J]. Water Science & Technology, 2002, 46(4-5):421-425.

[69] Ak M S, Muz M, Komesli O T, et al. Enhancement of bio-gas production and xenobiotics degradation during anaerobic sludge digestion by ozone treated feed sludge[J]. Chemical Engineering Journal, 2013, 230:499-505.

[70] 石璞玉, 孙力平, 谢春雨, 等. 臭氧预处理对剩余污泥特性及厌氧消化的影响 [J]. 环境工程学报, 2017, 11(6):3740-3746.

[71] Bougrier C, Battimelli A, Delgenes J P, et al. Combined ozone pretreatment and anaerobic digestion for the reduction of biological sludge production in wastewater treatment[J]. Ozone Science & Engineering, 2007, 29(3):201-206.

[72] Sakai Y, Fukase T, Yasui H, et al. An activated sludge process without excess sludge production[J]. Water Science & Technology, 1997, 36(11):162-170.

[73] Chu L, Yan S, Xing X H, et al. Progress and perspectives of sludge ozonation as a powerful

pretreatment method forminimization of excess sludge production[J]. Water Research, 2009, 43(7):1811-1822.

[74] Paul E, Camacho P, Sperandio M, et al. Technical and economical evaluation of a thermal, and two oxidative techniques for the reduction of excess sludge production[J]. Process Safety and Environmental Protection, 2006, 84(4):247-252.

[75] Goel R, Tokutomi T, Yasui H, et al. Optimal process configuration for anaerobic digestion with ozonation[J]. Water Science & Technology, 2003, 48(4):85-96.

[76] Battimelli A, Millet C, Delgens J, et al. Anaerobic digestion of waste activated sludge combined with ozone post-treatment and recycling[J]. Water Science & Technology, 2003, 48(4):61-68.

[77] Cacho Rivero J A, Madhavan N, Suidan M T, et al. Enhancement of anaerobic digestion of excess municipal sludge with thermal and/or oxidative treatment[J]. Journal of Environmental Engineering, 2006, 132(6):638-644.

[78] Salihu A, Alam M Z. Pretreatment methods of organic wastes for biogas production[J]. Journal of Applied Sciences, 2016, 16(3):497-511.

[79] Sun D, Qiao M, Xu Y, et al. Pretreatment of waste activated sludge by peracetic acid oxidation for enhanced anaerobic digestion[J]. Environmental Progress & Sustainable Energy, 2018, 37(6):2058-2062.

[80] Kaynak G E, Filibeli A. Assessment of fenton process as aminimization technique for biological sludge: Effects on anaerobic sludge bioprocessing[J]. Journal of Residuals Science & Technology, 2008, 5(3):151-160.

[81] Yang X, Wang X, Wang L. Transferring of components and energy output in industrial sewage sludge disposal by thermal pretreatment and two-phase anaerobic process[J]. Bioresource Technology, 2010, 101(8):2580-2584.

[82] Song J, Takeda N, Hiraoka M. Anaerobic treatment of sewage sludge treated by catalytic wet oxidation process in upflow anaerobic sludge blanket reactors[J]. Water Science & Technology, 1992, 26(3-4):867-875.

[83] Mouneimne A, Carrere H, Bernet N, et al. Effect of saponification on the anaerobic digestion of solid fatty residues[J]. Bioresource Technology, 2003, 90(1):89-94.

[84] Fang W, Zhang P, Zhang G, et al. Effect of alkaline addition on anaerobic sludge digestion with combined pretreatment of alkaline and high pressure homogenization[J]. Bioresource Technology, 2014, 168:167-172.

[85] Li H, Jin Y, Mahar R B, et al. Effects and model of alkaline waste activated sludge treatment[J]. Bioresource Technology, 2008, 99(11):5140-5144.

[86] Kim J, Park C, Kim T H, et al. Effects of various pretreatments for enhanced anaerobic digestion with waste activated sludge[J]. Journal of Bioence & Bioengineering, 2003, 95(3):271-275.

[87] Shao L, Wang X, Xu H, et al. Enhanced anaerobic digestion and sludge dewaterability by alkaline pretreatment and its mechanism[J]. Journal of Environmental Sciences, 2012, 24(10):1731-1738.

[88] 戴前进, 方先金, 邵辉煌. 城市污水处理厂污泥厌氧消化的预处理技术 [J]. 中国沼气, 2006, 25(2):11-14.

[89] Malhotra M, Garg A. Performance of non-catalytic thermal hydrolysis and wet oxidation for sewage sludge degradation under moderate operating conditions[J]. Journal of Environmental Management,

2019, 238(MAY 15):72-83.

[90] Devlin D C, Esteves S R R, Dinsdale R M, et al. The effect of acid pretreatment on the anaerobic digestion and dewatering of waste activated sludge[J]. Bioresource Technology, 2011, 102(5):4076-4082.

[91] Tommasi T, Sassi G, Ruggeri B. Acid pre-treatment of sewage anaerobic sludge to increase hydrogen producing bacteria HPB: effectiveness and reproducibility[J]. Water Science and Technology, 2008, 58(8):1622-1628.

[92] Bhatt S M, Shilpa. Lignocellulosic feedstock conversion, inhibitor detoxification and cellulosic hydrolysis: A review[J]. Biofuels, 2014, 5(6):633-649.

[93] Takashima M, Tanaka Y. Comparison of thermo-oxidative treatments for the anaerobic digestion of sewage sludge[J]. Journal of Chemical Technology & Biotechnology Biotechnology, 2010, 83(5):637-642.

[94] Valo A, Carrère H, Delgenès J P. Thermal, chemical and thermo-chemical pre-treatment of waste activated sludge for anaerobic digestion[J]. Journal of Chemical Technology & Biotechnology Biotechnology, 2010, 79(11):1197-1203.

[95] Rivero J A C, Madhavan N, Suidan M T, et al. Enhancement of anaerobic digestion of excess municipal sludge with thermal and/or oxidative treatment[J]. Journal of Environmental Engineering, 2006, 132(6):638-644.

[96] Doğan I, Sanin F D. Alkaline solubilization and microwave irradiation as a combined sludge disintegration andminimization method[J]. Water Research, 2009, 43(8):2139-2148.

[97] 肖本益, 刘俊新. 污水处理系统剩余污泥碱处理融胞效果研究 [J]. 环境科学, 2006, 27(2):319-323.

[98] Everett J G. The effect of pH on the heat treatment of sewage sludges[J]. Water Research, 1974, 8(11):899-906.

[99] Kim D H, Jeong E, Oh S E, et al. Combined (alkaline+ultrasonic) pretreatment effect on sewage sludge disintegration[J]. Water Research, 2010, 44(10):3093-3100.

[100] Tian X, Trzcinski A P, Lin L L, et al. Impact of ozone assisted ultrasonication pre-treatment on anaerobic digestibility of sewage sludge[J]. Journal of Environmental Sciences, 2015, 33:29-38.

[101] Cho S K, Ju H J, Lee J G, et al. Alkaline-mechanical pretreatment process for enhanced anaerobic digestion of thickened waste activated sludge with a novel crushing device: Performance evaluation and economic analysis[J]. Bioresource Technology, 2014, 165:183-190.

[102] Xu J, Yuan H, Lin J, et al. Evaluation of thermal, thermal-alkaline, alkaline and electrochemical pretreatments on sludge to enhance anaerobic biogas production[J]. Journal of the Taiwan Institute of Chemical Engineers, 2014, 45(5):2531-2536.

[103] Greenfield P F, Batstone D J. Anaerobic digestion: impact of future greenhouse gases mitigation policies on methane generation and usage[J]. Water Science & Technology, 2005, 52(1-2):39-47.

[104] Speece R E. Anaerobic Biotechnology and Odor/Corrosion Control for Municipalities and Industries [M]. Nashville: Tennessee Archae Press, 2008.

[105] Ferrer I, Serrano E, Ponsa S, et al. Enhancement of thermophilic anaerobic sludge digestion by 70℃ pre-treatment: energy considerations[J]. Journal of Residuals Science Technology, 2009, 6(1):11-18.

[106] Ge H, Jensen P D, Batstone D J. Pre-treatment mechanisms during thermophilic-mesophilic temperature phased anaerobic digestion of primary sludge[J]. Water Research, 2010, 44(1):122-130.

[107] Weemaes M, Grootaerd H, Simoens F, et al. Anaerobic digestion of ozonized biosolids[J]. Water Research, 2000, 34(8):2330-2336.

[108] Zupancic G D, Ros M. Two stage thermophilic sludge digestion - solids degradation, heat and energy considerations, in Biosolids: Wastewater Sludge as a Resource[B]. Trondheim (Norway), 2003.

[109] Pérez-Elvira S I, Nieto Diez P, Fdz-Polanco F. Sludge minimisation technologies[J]. Reviews in Environmental Science and Bio/Technology, 2006, 5(4):375-398.

[110] Boehler M, Siegrist H. Potential of activated sludge disintegration[J]. Water Science & Technology, 2006, 53(12):207-216.

[111] Appels L, Baeyens J, Degrève J, et al. Principles and potential of the anaerobic digestion of waste-activated sludge[J]. Progress in Energy and Combustion Science, 2008, 34(6):755-781.

[112] Perez-Elvira S, Fdz-Polanco M, Plaza F I, et al. Ultrasound pre-treatment for anaerobic digestion improvement[J]. Water Science & Technology, 2009, 60(6):1525-1532.

[113] Onyeche T I, Schafer S. Energy production and savings from sewage sludge treatment, in Biosolids: Wastewater Sludge as a Resource[B]. Trondheim (Norway), 2003.

[114] Barr K G, Solley D O, Starrenburg D J, et al. Evaluation, selection and initial performance of a large scale centralised biosolids facility at Oxley Creek Water Reclamation Plant, Brisbane[J]. Water Science & Technology, 2008, 57(10):1579-1586.

第 3 章

污泥处理生物强化技术

生物预处理是一种生态友好型污泥预处理技术，主要是利用好氧生物预处理、厌氧生物预处理、酶辅助法以及嗜热溶胞菌来强化污泥水解[1]。通过这些生物强化预处理方式，微生物在污泥复杂基质降解和其他有机化合物絮凝结构分解过程中起着重要的作用[2]。尽管生物预处理技术环保、具有成本效益，但其缺点是耗时，并且需要优化微生物繁殖的最佳参数[3]。在生物处理技术中微生物利用有机物的合成作用会使污泥量增加，而内源呼吸作用和微型动物的捕食作用会使剩余污泥量减少，生物预处理技术正是根据工艺中微生物的代谢特性实现污泥的减量或改性[4]。污泥生物预处理技术包括好氧和厌氧工艺、酶辅助工艺和嗜热菌强化水解工艺（表3-1）。

表3-1 污泥生物预处理技术

预处理方法	作用机制	效果	缺点	参考文献
好氧生物预处理	（1）采用曝气、微生物预处理； （2）氧气注入处理系统； （3）微生物产生水解酶并降解底物	（1）提升污泥水解性能； （2）提高水解活性； （3）VS减少21%～64%	（1）需要合适设备保证气体供应； （2）额外的曝气装置使成本提高； （3）需要适当的条件保证微生物活性	[5-7]
厌氧生物预处理	（1）采用双重温控策略； （2）方法为TPAD（阶段式升温厌氧消化系统）； （3）先采用嗜热处理，再进行中温处理	（1）促进絮凝体和污泥固体结构裂解； （2）甲烷产量提高20%～50%； （3）VS减少10%～70%； （4）杀死病原微生物； （5）利用低质量热能	（1）需要优化参数； （2）额外安装用于能量平衡的设备使成本提高； （3）微生物群落的微生物动力学参数需要解析	[1,8-10]
酶辅助预处理	（1）预处理系统添加水解酶； （2）碳水化合物酶、蛋白酶和脂肪酶是水解关键酶	（1）水解聚合物并改善污泥溶解度； （2）甲烷产量提高12%～40%； （3）VS减少16%～55%	（1）在投加酶之前，需要优化系统参数； （2）酶对底物的特异性需要评价	[11-13]
嗜热溶胞菌预处理	（1）预处理前投加嗜热菌； （2）嗜热菌释放的酶类为关键酶	（1）水解聚合物并改善污泥溶解度； （2）甲烷产量提高11%～100%； （3）VS减少20%～40%	（1）需要定向富集或分离嗜热菌； （2）需要优化系统参数； （3）嗜热菌的微生物动力学参数需要解析	[14-16]

3.1 厌氧生物预处理技术

厌氧生物预处理可以通过在中温或嗜热环境中预先消化污泥有机底物实现[11]。厌氧生物预处理方法总结如表3-2所列。早在几十年前就出现了集中在55℃条件下的嗜热工艺或者部分嗜热水解活性微生物的研究[17,18]。主要包括中温厌氧消化（AD）之前的短期预处理[19]；双池法，即嗜热和中温消化池[20]；单级消化池[21]及近年出现的低温共相过程[22,23]。高温条件下由于水解作用活性增加而提高有机固体水解率，但高温条件的能量消耗较大。

表3-2 厌氧生物预处理方法总结

处理条件	厌氧消化条件	结果	参考文献
70℃，7d	SBR，37℃	CH_4产量由8.30mmol/g VS①达到10.45mmol/g VS_{in}（+26%）	[24]
70℃，7d	SBR，55℃	CH_4产量为10.9mmol/g VS_{in}	[24]
70℃，4d	SBR，37℃	CH_4产量由21.2mmol/g VS①增加到24.7mmol/g VS_{in}（+16%）	[24]
70℃，7d	SBR，55℃	CH_4产量由13.7mmol/g VS①增加到25.5mmol/g VS_{in}（+16%）	[24]
70℃，2d	CSTR，HRT 13d（对照为15d）	CH_4产量由40mL/(L·d)①增加到55mL/(L·d)（+28%）	[25]
70℃，2d	CSTR，HRT 13d	CH_4产量由146mL/(L·d)①增加到162mL/(L·d)（+11%）	[25]
70℃，9h	SBR，55℃	生物气产量提高58%	[26]
70℃，9h、24h、48h	CSTR，55℃，HRT 10d	CH_4产量由0.15mL/g VS①增加到0.18mL/g VS_{in}（+20%），能量产量增加（+6%~100%）	[27,28]
70℃，2d	CSTR，5℃，HRT为13d（对照为15d）	—	[29]
50~65℃，2d	CSTR，35℃，HRT为13~14	和35℃预处理相比，CH_4产量提高（+25%）	[30]

① 未预处理厌氧消化性能。

污泥厌氧预处理常用的方法是阶段式升温厌氧消化系统（TPAD），是一种由初级或者高级高温消化池和一个二级中温厌氧消化池组成的系统[1]。采用阶段式升温能够增强污泥水解和酸化，这种预处理方式也称两阶段厌氧消化[5,31]。阶段式升温厌氧消化系统的优点包括：①有效提高沼气产量；

②促进絮凝体和固体结构的解体；③能够利用低质量热能；④在高温处理过程中杀死病原微生物[31,32]。目前，已经开展了一些针对阶段式升温厌氧消化系统消化剩余污泥的研究，其中一项研究结果发现，在45℃条件下，阶段式升温厌氧消化系统可使 VS 降低77%，甲烷的产率达到 (3.55±0.47) L CH_4/(L·d)[8]。另一项研究中，利用阶段式升温厌氧消化系统改善污泥厌氧消化产甲烷效能，从而使甲烷产量提高37%～43%[9]。Bolzonella 等[26]研究了极端嗜热对污泥水解的影响，证明与中温和嗜热单阶段试验相比，甲烷产率提高了 30%～50%。Ge 等[30]研究表明高温厌氧消化（HRT 为 2d）处理初沉池污泥效果明显优于中温厌氧消化（HRT 为 13～14d），甲烷产量可以提高25%。高温生物预处理可以有效地提高病原体的去除效率[33,34]，在 70℃条件下可以有效地提高污泥水解率。在超嗜热（70℃）厌氧消化预处理条件下，可降解化学需氧量浓度增加在 15%～50% 之间。因此，嗜热-中温阶段式升温厌氧消化系统有助于改善污泥水解，提高 VS 的去除率并提高沼气产量。

3.2 好氧生物预处理技术

除厌氧条件外，好氧生物处理也能够强化污泥难降解有机物的水解速率[35]。好氧生物处理可以通过在污泥厌氧消化之前加以曝气及利用兼性厌氧微生物处理污泥实现[5]。微曝气（微氧）技术涉及将氧气注入污泥系统中，从而通过改善污泥内源微生物种群的水解活性来促进复杂有机物的水解[36]。

有氧环境能够提升好氧和兼性厌氧微生物的水解活性，因而可用于污泥预处理[37]。同时，微曝气预处理可刺激污泥中微生物外切酶的分泌，这些酶会缓慢地实现底物的生物降解，进一步改善底物在厌氧环境下仍然难以分解的瓶颈[36]。在嗜热（<70℃）好氧条件下，污泥水解微生物种群会分泌大量的水解酶（如蛋白酶等）。这些水解酶在改善污泥溶解度的同时可以提高后续厌氧消化有机化合物的降解速率。因此，这种预处理方式也称为自热水解过程[5,11]。多项研究表明，在厌氧消化之前进行微曝气处理不仅可以提升污泥的水解速率，而且可以提高甲烷的总产率[36,38,39]。Lim

和 Wang[36] 发现，在接种和未接种底物的情况下，微曝气预处理分别将甲烷产率提高 21% 和 10%。另一项研究还显示了微曝气预处理的积极作用。研究结果显示采用微曝气后，甲烷产率提高了 20%，这表明短期好氧预处理不会降低厌氧产甲烷菌的产甲烷活性[38]。Montalvo 等[39] 进一步优化了污泥微氧预处理的气流速率、预处理时间和温度，确定了微生物较高水解活性的最佳条件分别是气体流速为 0.3vvm（air volumel culture volume/min，通气比）、处理时间为 48h 以及处理温度为 35℃。在这种情况下，与未经预处理的工艺相比，污泥经微曝气预处理可使甲烷生成量增加 211%。

超嗜热好氧处理结合传统城市活性污泥嗜热好氧消化实现了剩余污泥中 75% 的有机物水解（65℃，HRT=2.8d）[40]，能够在中温厌氧条件下存活的微生物，如芽孢杆菌属（*Bacillus*）的嗜热脂肪土芽孢杆菌（*Geobacillus stearothermophilus*）[41] 为污泥中主要的产蛋白酶菌，因此，强化污泥水解性能的关键是功能微生物的活性[42]。以超嗜热好氧反应器运行作为第一阶段可以提高 50% 的生物气产量（厌氧消化作为第二阶段）[41]。目前，嗜热好氧（AhT，65℃，HRT=1d）联合传统中温消化（HRT=21d 或者 42d）工艺可以实现 20%～40% 的污泥降解率，在 HRT 为 42d 的嗜热好氧预处理工艺中 COD 去除率达到 30%[14]。和传统的中温消化（HRT 为 42d）相比，等质量的有机物采用 AhT 消化需要 21d。因此，嗜热好氧预处理在增加溶解性有机质释放量（6%～10%）的同时，还能减少水力停留时间或者使反应器体积减半[14]。因此，这些研究表明用氧气或体系中的嗜热水解微生物群体进行好氧预处理可以在一定程度上解决污泥厌氧消化水解过程限速问题，并提高沼气产量。

3.3 酶辅助预处理技术

由于污泥中 50% 以上的有机物为蛋白质，因此蛋白质的水解成为污泥水解的限速步骤[43,44]，酶辅助的污泥生物预处理已引起人们对通过投加酶类改善污泥厌氧水解的兴趣[45]。酶辅助生物预处理技术是在预处理系统中添加水解酶，从而改善污泥的溶解度，减少胞外聚合物并提高沼气产量的技术[11,46]。在过去的 30 年中已经开展了采用生物酶水解污泥,将污泥转换为高附加值的产物的研究[47]。Brémond 等[5]总结了以下 4 种酶辅助强化污泥水解方法:

① 在专用预处理容器中添加酶类;

② 在单阶段工艺反应器中直接添加酶类;

③ 在两阶段过程的水解和酸化容器中直接添加酶类;

④ 在循环污泥厌氧消化渗滤液中添加酶类。

为了有效提高酶辅助生物预处理的效果,需要对相应的参数进行优化和评价,如酶的活性、特异性和数量,酶的稳定性以及反应温度和 pH 值[45,48]。污泥主要由碳水化合物、蛋白质和脂质组成,而这些有机质主要是以难降解胞外聚合物的絮凝物的形式存在[5]。因此,碳水化合物酶、蛋白酶和脂肪酶是用于酶促污泥预处理的主要酶类[48]。酶的添加可以加速污泥的厌氧可生物降解性并改善沼气产率,据报道,蛋白酶、淀粉酶、糖苷酶和葡糖苷酶等均能实现提升污泥厌氧消化速率和提升甲烷产率。研究证实,利用地衣芽孢杆菌(Bacillus licheniformis)获取的蛋白酶对污泥进行预处理,沼气产量提高了 26%[45]。Chen 等[12]评估了溶菌酶、蛋白酶和 α-淀粉酶预处理对提高剩余污泥水解速率和降解性的作用,发现与其他酶相比溶菌酶的预处理效果最佳。与蛋白酶和 α-淀粉酶相比,溶菌酶使污泥中的 SCOD 浓度分别增加 2.23 倍和 2.15 倍,并有效改善了污泥絮凝体的可降解性[12]。

真菌(Aspergillus awamori)已用于酶法预处理活性污泥、食物残渣及其混合物。这些底物经真菌预处理,可使 VS 降低 54.3%,甲烷产量提高 1.6～2.5 倍[49]。Odnell 等[13]提出大规模预处理污泥需要投加能够更好地适应污泥环境的特定酶类。对几种酶(纤维素酶、α-淀粉酶、蛋白酶、溶菌酶、枯草杆菌蛋白酶和胰蛋白酶)的活性、使用寿命和沼气产量的评估结果显示,在剩余污泥和厌氧消化池污泥中,所有测试酶的活性寿命均受到限制(<24h)。其中,只有枯草杆菌蛋白酶测试结果显示沼气产量显著增加(37%)[13]。采用内源酶(如淀粉酶、蛋白酶和淀粉酶/蛋白酶混合物)对污泥预处理的结果显示,联合酶处理后的污泥沼气产量最高。但是,针对污泥的水解和酸化,淀粉酶的水解效能优于蛋白酶和混合酶[50]。

采用特殊微生物（如 *Bacillus stearothermophillus*）产生的多种酶（蛋白酶、淀粉酶、脂肪酶）的嗜热反应工艺也应用于水解浓缩污泥，这项工艺在不引起废水质量恶化的同时，可以高效灭活病原微生物，激发污泥内高温微生物的代谢活性，并对剩余污泥具有改良、改性和减量的协同作用，处理后的剩余污泥量从 40% 减少到 80%。以上研究表明，酶辅助生物预处理可以提高污泥的厌氧消化性能并提高沼气产量。但是，需要进一步的研究来确定特定底物的特定酶，以开发更有效的污泥厌氧消化体系。

3.4 嗜热溶胞菌预处理技术

在预处理方法中，采用嗜热菌进行生物水解有机物可以提高污泥降解率和溶解性能，被认为是一种有效的污泥预处理方法。由于极端的生存条件，嗜热菌具有特殊的酶系统和对其他生物难以生存的外界环境的防御机制。嗜热菌的细胞和酶具有特殊的热稳定性和相应的分子结构来促进它们利用外界的有机质底物，因此，嗜热菌可以产生多种酶类，如纤维素酶、蛋白酶、淀粉酶、脂肪酶和菊粉酶等。从嗜热菌中分离或由嗜热菌分泌的新型工业酶和生物活性物质在基因工程、蛋白工程、发酵工程以及矿产资源的开发利用中都具有巨大的应用价值。利用嗜热菌分泌的胞外酶可以快速有效地解聚并破碎污泥，进而提高污泥的降解率，强化厌氧消化甲烷的产量，最终实现污泥的"零排放"和资源的再利用[51]。

早期研究表明，一些细菌可以分泌水解其他微生物的胞外酶[41,52,53]，且具有污泥预处理中的潜在应用价值（表3-3）。Hasegawa 等[41]研究发现嗜热菌 SPT2-1 可以高效地水解剩余污泥，并用于活性污泥系统中降低剩余污泥产量[40,42]。利用绿色木霉菌（*Trichoderma viride*）好氧预处理有机废物能够显著提高厌氧消化水解性能，进一步提高甲烷产量[54]。研究证明，地衣芽孢杆菌作为一种嗜热蛋白水解菌，能够强化污泥水解并能改善有机物的稳定性和甲烷产量[37]。利用热脱氮芽孢杆菌（*Geobacillus thermodenitrificans*）对污泥进行生物强化处理，结果显示污泥 VS 降低 21%，而甲烷产量提高 2.2 倍[6]。另一项研究中报道了在 55℃ 条件下利用

表 3-3　污泥预处理中微生物的潜在应用

微生物	功能	效果	参考文献
脂肪嗜热芽孢杆菌 SPT2-1	(1) 强化污泥水解； (2) 分泌水解酶（蛋白酶和淀粉酶）	(1) VS 减少 20%～30%； (2) 生物气产量提升 1.5 倍	[41]
热脱氮芽孢杆菌 AT1	提升污泥降解速率	(1) VS 减少 21%； (2) 生物产量提高 2.2 倍	[6]
斯特米尼斯梭菌 CSK1	降解纤维素底物	(1) 生物气产量增加 136%； (2) VS 减少 16%～55%	[55]
芽孢杆菌属	降解油类底物	甲烷产量提高 28%	[56]
梭状芽孢杆菌、芽孢杆菌和甲烷鬓毛菌属	改善污泥降解速率	(1) 提高生物气产量； (2) 促进 VS 去除	[57]

好氧嗜热菌对混合污泥进行厌氧预处理，使沼气产量提高了 12%，VS 降低了 27%～64%[7]。

如前所述，嗜热菌溶胞技术是通过嗜热菌分泌的溶胞酶水解细胞实现微生物溶胞的技术。在高温好氧反应器中，嗜热好氧微生物在最佳的生长条件下时，释放的酶会作用于其他微生物细胞，并促进其溶解[58,59]。Tang 等[60]自花园土壤中分离出一株具有分泌溶胞酶活性的嗜热菌，将其接种到剩余污泥中对剩余污泥进行处理，在 36h 时，VSS 的去除率可达 46.45%，此时，蛋白酶的活性达到 0.37Eu/mL，比对照组（未接种嗜热菌）高 0.16Eu/mL。Song 等[61]通过应用嗜热溶胞菌分泌的胞外水解酶水解剩余污泥微生物细胞，发展了嗜热酶溶解技术。Guo 等[62]投加嗜热菌 AT07-1 对剩余污泥进行预处理，强化剩余污泥水解产氢。然而，在高温预处理条件下，会造成中温水解酶失活，使得剩余污泥的水解依赖于嗜热菌的生长情况[63]。到目前为止，在日本和一些国家的部分地区采用嗜热酶污泥水解（S-TE）处理技术处理剩余污泥，其中以日本的 Kobelco 和法国的 Ondeo-Degrémont 为代表[64]。这种"纯生态"污泥预处理技术同样受到了广泛的关注。采用生物强化水解预处理技术不仅可以实现剩余污泥的减量，并且对污泥的改良、改性和减量具有协同作用。生物强化水解预处理技术的发展关键在于密度高、具有稳定的种群结构的工艺的开发[65]。Piterina 等[66]采用自热式高温好氧消化体系（ATAD）技术实现污泥减量化的同时高效地去除了病原微生物。Liu 等[67]对 ATAD 工艺运行中具有代表性的病原微生物如 E.coli、鞘脂杆菌科（Sphingobacteriaceae）和明串珠菌属（*Trichococcus*）等进行定性分析，结果表明，在55℃条件下，尽管固体去除率以及氨氮去除率很低，但是针对非耐热性病原微生物可以达到理想的去除效果。

参考文献

[1] Ariunbaatar J, Panico A, Esposito G, et al. Pretreatment methods to enhance anaerobic digestion of organic solid waste[J]. Applied Energy, 2014, 123:143-156.

[2] Salihu A, Alam M Z. Pretreatment methods of organic wastes for biogas production[J]. Journal of Applied Sciences, 2016, 16(3):497-511.

[3] Meegoda J N, Li B, Patel K, et al. A review of the processes, parameters, and optimization of anaerobic digestion[J]. International Journal of Environmental Research & Public Health, 2018, 15(10):2224.

[4] 梁鹏, 黄霞, 钱易, 等. 污泥减量化技术的研究进展[J]. 环境污染治理技术与设备, 2003, 4(1):44-52.

[5] Brémond U, de Buyer R, Steyer J P, et al. Biological pretreatments of biomass for improving biogas production: An overview from lab scale to full-scale[J]. Renewable and Sustainable Energy Reviews, 2018, 90:583-604.

[6] Miah M S, Tada C, Yang Y, et al. Aerobic thermophilic bacteria enhance biogas production[J]. Journal of Material Cycles & Waste Management, 2005, 7(1):48-54.

[7] Jang H M, Cho H U, Park S K, et al. Influence of thermophilic aerobic digestion as a sludge pre-treatment and solids retention time of mesophilic anaerobic digestion on the methane production, sludge digestion and microbial communities in a sequential digestion process[J]. Water Research, 2014, 48:1-14.

[8] Hameed S A, Riffat R, Li B, et al. Microbial population dynamics in temperature - phased anaerobic digestion of municipal wastewater sludge[J]. Journal of Chemical Technology & Biotechnology, 2019, 94(6):1816-1831.

[9] Akgul D, Cella M A, Eskicioglu C. Temperature phased anaerobic digestion of municipal sewage sludge: A bardenpho treatment plant study[J]. Water Practice & Technology, 2016, 11(3):569-573.

[10] Ge H, D.Jensen P, Batstone D J. Increased temperature in the thermophilic stage in temperature phased anaerobic digestion (TPAD) improves degradability of waste activated sludge[J]. Journal of Hazardous Materials, 2011, 187(1-3):355-361.

[11] Neumann P, Pesante S, Venegas M, et al. Developments in pre-treatment methods to improve anaerobic digestion of sewage sludge[J]. Reviews in Environmental Science & Biotechnology, 2016, 15(2):173-211.

[12] Chen J, Liu S, Wang Y, et al. Effect of different hydrolytic enzymes pretreatment for improving the hydrolysis and biodegradability of waste activated sludge[J]. Water Science & Technology, 2018, 2017(2):592-602.

[13] Odnell A, Recktenwald M, Stensén K, et al. Activity, life time and effect of hydrolytic enzymes for

enhanced biogas production from sludge anaerobic digestion[J]. Water Research, 2016, 103:462-471.

[14] Dumas C, Perez S, Paul E, et al. Combined thermophilic aerobic process and conventional anaerobic digestion: Effect on sludge biodegradation and methane production[J]. Bioresource Technology, 2010, 101(8):2629-2636.

[15] Yang C, Zhou A, Hou Y, et al. Optimized culture condition for enhancing lytic performance of waste activated sludge by *Geobacillus* sp. G1[J]. Water Science & Technology, 2014, 70(2):200-208.

[16] Liu S, Zhu N, Li L Y, et al. Isolation, identification and utilization of thermophilic strains in aerobic digestion of sewage sludge[J]. Water Research, 2011, 45(18):5959-5968.

[17] Rudolfs W, Heukelelian H. Thermophilic digestion of sewage sludge solids-I-preliminary paper[J]. Industrial and Engineering Chemistry, 1930, 22:96-99.

[18] Jie W, Peng Y, Ren N, et al. Utilization of alkali-tolerant stains in fermentation of excess sludge[J]. Bioresource Technology, 2014, 157:52-59.

[19] Roberts R, Davies W J, Forster C F. Two-stage, thermophilic-mesophilic anaerobic digestion of sewage sludge[J]. Process Safety and Environmental Protection, 1999, 77(2):93-97.

[20] Oles J, Dichtl N, Niehoff H H. Full scale experience of two stage thermophilicimesophilic sludge digestion[J]. Water Science & Technology, 1997, 36(6-7):449-456.

[21] Ferrer I, Vázquez F, Font X. Long term operation of a thermophilic anaerobic reactor: Process stability and efficiency at decreasing sludge retention time[J]. Bioresource Technology, 2010, 101(9):2972-2980.

[22] Song Y C, Kwon S J, Woo J H. Mesophilic and thermophilic temperature co-phase anaerobic digestion compared with single-stage mesophilic- and thermophilic digestion of sewage sludge[J]. Water Research, 2004, 38(7):1653-1662.

[23] Ponsá S, Ferrer I, Vázquez F, et al. Optimization of the hydrolytic-acidogenic anaerobic digestion stage (55℃) of sewage sludge: Influence of pH and solid content[J]. Water Research, 2008, 42(14): 3972-3980.

[24] Gavala H N, Yenal U, Skiadas I V, et al. Mesophilic and thermophilic anaerobic digestion of primary and secondary sludge. Effect of pre-treatment at elevated temperature[J]. Water Research, 2003, 37(19):4561-4572.

[25] Skiadas I V, Gavala H N, Lu J, et al. Thermal pre-treatment of primary and secondary sludge at 70℃ prior to anaerobic digestion[J]. Water Science & Technology, 2005, 52(1-2):161-166.

[26] Bolzonella D, Pavan P, Zanette M, et al. Two-phase anaerobic digestion of waste activated sludge: effect of an extreme thermophilic prefermentation[J]. Industrial & Engineering Chemistry Research, 2007, 46(21):6650-6655.

[27] Ferrer I, Ponsá S, Vázquez F, et al. Increasing biogas production by thermal (70℃) sludge pre-treatment prior to thermophilic anaerobic digestion[J]. Biochemical Engineering Journal, 2008, 42(2): 186-192.

[28] Ferrer I, Serrano E, Ponsa S, et al. Enhancement of thermophilic anaerobic sludge digestion by 70℃ pre-treatment: energy considerations[J]. Journal of Residuals Science Technology, 2009, 6(1):11-18.

[29] Lu J, Gavala H N, Skiadas I V, et al. Improving anaerobic sewage sludge digestion by implementation of a hyper-thermophilic prehydrolysis step[J]. Journal of Environmental Management, 2008, 88(4):881-889.

[30] Ge H, Jensen P D, Batstone D J. Pre-treatment mechanisms during thermophilic-mesophilic

temperature phased anaerobic digestion of primary sludge[J]. Water Research, 2010, 44(1):123-130.

[31] Zhen G, Lu X, Kato H, et al. Overview of pretreatment strategies for enhancing sewage sludge disintegration and subsequent anaerobic digestion: Current advances, full-scale application and future perspectives[J]. Renewable and Sustainable Energy Reviews, 2017, 69:559-577.

[32] Riau V, De la Rubia M Á, Pérez M. Temperature-phased anaerobic digestion (TPAD) to obtain class A biosolids: A semi-continuous study[J]. Bioresource Technology, 2010, 101(8):2706-2712.

[33] Burger G, Parker W. Investigation of the impacts of thermal pretreatment on waste activated sludge and development of a pretreatment model[J]. Water Research, 2013, 47(14):5245-5256.

[34] De León C, Jenkins D. Removal of fecal coliforms by thermophilic anaerobic digestion processes[J]. Water Science & Technology, 2002, 46(10):147-152.

[35] Borja R, Banks C J, Garrido A. Kinetics of black-olive wastewater treatment by the activated-sludge system[J]. Process Biochemistry, 1994, 29(7):587-593.

[36] Lim J W, Wang J Y. Enhanced hydrolysis and methane yield by applying microaeration pretreatment to the anaerobic co-digestion of brown water and food waste[J]. Waste Management, 2013, 33(4):813-819.

[37] Merrylin J, Kumar S A, Kaliappan S, et al. Biological pretreatment of non-flocculated sludge augments the biogas production in the anaerobic digestion of the pretreated waste activated sludge[J]. Environmental Technology, 2013, 34(13-14):2113-2123.

[38] Ahn Y M, Wi J, Park J K, et al. Effects of pre-aeration on the anaerobic digestion of sewage sludge[J]. Environmental Engineering Research, 2014, 19(1):59-66.

[39] Montalvo S, Huiliñir C, Ojeda F, et al. Microaerobic pretreatment of sewage sludge: Effect of air flow rate, pretreatment time and temperature on the aerobic process and methane generation[J]. International Biodeterioration & Biodegradation, 2016, 110:1-7.

[40] Shiota N, Akashi A, Hasegawa S. A strategy in wastewater treatment process for significant reduction of excess sludge production[J]. Water Science & Technology, 2002, 45(12):127-134.

[41] Hasegawa S, Shiota N, Katsura K, et al. Solubilization of organic sludge by thermophilic aerobic bacteria as a pretreatment for anaerobic digestion[J]. Water Science & Technology, 2000, 41(3):163-169.

[42] Sakai Y, Aoyagi T, Shiota N, et al. Complete decomposition of biological waste sludge by thermophilic aerobic bacteria[J]. Water Science & Technology, 2000, 42(9):81-89.

[43] Kim Y K, Bae J H, Oh B K, et al. Enhancement of proteolytic enzyme activity excrted from *Bacillus stearothermophilus* for a thermophilic aerobic digestion process[J]. Bioresource Technology, 2002, 82:157-164.

[44] Wang T, Shao L, Li T, et al. Digestion and dewatering characteristics of waste activated sludge treated by an anaerobic biofilm system[J]. Bioresource Technology, 2014, 153:131-136.

[45] Bonilla S, Choolaei Z, Meyer T, et al. Evaluating the effect of enzymatic pretreatment on the anaerobic digestibility of pulp and paper biosludge[J]. Biotechnology Reports, 2018, 17:77-85.

[46] Liew Y X, Chan Y J, Manickam S, et al. Enzymatic pretreatment to enhance anaerobic bioconversion of high strength wastewater to biogas: A review[J]. Science of the Total Environment, 2020, 713:136373.

[47] Ayol A. Enzymatic treatment effects on dewaterability of anaerobically digested biosolids-I:

performance evaluations[J]. Process Biochemistry, 2005, 40(7):2427-2434.

[48] Divya D, Gopinath L R, Merlin Christy P. A review on current aspects and diverse prospects for enhancing biogas production in sustainable means[J]. Renewable and Sustainable Energy Reviews, 2015, 42:690-699.

[49] Yin Y, Liu Y J, Meng S J, et al. Enzymatic pretreatment of activated sludge, food waste and their mixture for enhanced bioenergy recovery and waste volume reduction via anaerobic digestion[J]. Applied Energy, 2016, 179:1131-1137.

[50] Yu S, Zhang G, Li J, et al. Effect of endogenous hydrolytic enzymes pretreatment on the anaerobic digestion of sludge[J]. Bioresource Technology, 2013, 146:758-761.

[51] Lagerkvist A, Chen H. Control of two step anaerobic degradation of municipal solid waste (MSW) by enzyme addition[J]. Water Science & Technology, 1993, 27(2):47-56.

[52] Dean C R, Ward O P. Nature of *Escherichia coli* cell lysis by culture supernatants of *Bacillus* species[J]. Applied and Environment Microbiology, 1991, 57(7):1893-1898.

[53] Guo L, Zhao J, She Z, et al. Effect of S-TE (solubilization by thermophilic enzyme) digestion conditions on hydrogen production from waste sludge[J]. Bioresource Technology, 2012, 117:368-372.

[54] Wagner A O, Schwarzenauer T, Illmer P. Improvement of methane generation capacity by aerobic pre-treatment of organic waste with a cellulolytic Trichoderma viride culture[J]. Journal of Environmental Management, 2013, 129:357-360.

[55] Yuan X, Ma L, Wen B, et al. Enhancing anaerobic digestion of cotton stalk by pretreatment with a microbial consortium (MC1)[J]. Bioresource Technology, 2016, 207:293-301.

[56] Peng L, Bao M, Wang Q, et al. The anaerobic digestion of biologically and physicochemically pretreated oily wastewater[J]. Bioresource Technology, 2014, 151:236-243.

[57] Neumann P, González Z, Vidal G. Sequential ultrasound and low-temperature thermal pretreatment: Process optimization and influence on sewage sludge solubilization, enzyme activity and anaerobic digestion[J]. Bioresource Technology, 2017, 234:178-187.

[58] Foladori P, Andreottola G, Ziglio G. Sludge reduction technologies in wastewater treatment plants [R]. IWA Publishing London, UK, 2010.

[59] 张少强，李小明，杨麒，等. 污泥嗜热菌好氧消化与传统高温好氧消化的效果对比 [J]. 中国给排水, 2007, 23(13):91-97.

[60] Tang Y, Yang Y L, Li X M, et al. The isolation, identification of sludge-lysing thermophilic bacteria and its utilization in solubilization for excess sludge[J]. Environmental Technology, 2011, 33(8):961-966.

[61] Song Y D, Hu H Y. Isolation and characterization of thermophilic bacteria capable of lysing microbial cells in activated sludge[J]. Water Science & Technology, 2006, 54(9):35-43.

[62] Guo L, Li X M, Zeng G M, et al. Enhanced hydrogen production from dewage dludge pretreated by thermophilic bacteria[J]. Energy Fuels, 2010, 24:6081-6085.

[63] Hery M, Sanguin H, Perez Fabiel S, et al. Monitoring of bacterial communities during low temperature thermal treatment of activated sludge combining DNA phylochip and respirometry techniques[J]. Water Research, 2010, 44(20):6133-6143.

[64] Hamer G. Fundamental aspects of aerobic thermophilic biodégradation//Treatment of Sewage

Sludge: Thermophilic Aerobic Digestion and Processing Requirements for Landfilling[M]. New York: Elsevier Applied Science, 1989: 2-19.

[65] 罗涛. 膜生物反应器处理小区生活污水的试验研究 [D]. 长沙：湖南大学, 2009.

[66] Piterina A V, Bartlett J, Pembroke T J. Evaluation of the removal of indicator bacteria from domestic sludge processed by autothermal thermophilic aerobic digestion (ATAD)[J]. International Journal of Environmental Research and Public Health, 2010, 7(9):3422-3441.

[67] Liu S, Song F, Zhu N, et al. Chemical and microbial changes during autothermal thermophilic aerobic digestion (ATAD) of sewage sludge[J]. Bioresource Technology, 2010, 101(24):9438-9444.

第4章

嗜热菌的分离鉴定及溶胞性能分析

废水处理过程中伴随产生大量的剩余污泥，随之面临的是剩余污泥的处理处置所需要的技术以及处理成本等各种问题[1]。剩余污泥中微生物的含量达到70%左右，其主要由以革兰氏阴性菌为主[2]。与革兰氏阳性菌不同，革兰氏阴性菌的外膜主要由蛋白质和脂多糖组成，使其免于外界化学侵蚀的直接伤害[1]。而剩余污泥中大多数可生物降解的物质存在于细胞内或者胞外聚合物中[3]。因此，剩余污泥资源化利用的先决条件是污泥微生物细胞的水解[4,5]。剩余污泥中蛋白质的含量达到50%左右，因此，蛋白质的酶解可作为评价剩余污泥水解性能的指标[5,6]。

温度在45～90℃范围内对处理剩余污泥水解效果的分析显示：当温度为45℃时，剩余污泥中具有完整细胞结构的微生物的比例达到77.9%；当温度达到60℃时，剩余污泥中微生物细胞溶胞率大幅度上升，具有完整细胞结构的微生物所占比例仅为17.4%；温度继续升高，剩余污泥微生物的破膜率没有随着温度的升高而进一步增加[7]。此外，在50～60℃温度条件下，通过投加嗜热菌可以有效地缩短剩余污泥水解时间[8]，并且在60℃条件下处理1h以上时，接近98%的中温菌和嗜冷菌丧失活性或死亡，并丧失中温酶的活性，仅有2%的具有热稳定蛋白酶活性的嗜热菌存活[9]。因此，60℃是促进微生物细胞溶解的最佳温度，也是嗜热菌的最佳作用温度[10]。

本章研究内容基于嗜热溶胞菌分泌的胞外酶对剩余污泥中微生物具有溶解作用的特性，在60℃条件下，筛选具有高效蛋白酶活性和微生物溶解能力的嗜热菌，对筛选的嗜热菌进一步纯化及16S rDNA分子鉴定和同源性分析，确定其所属种属，嗜热菌的生长条件与溶胞特性是研究嗜热菌的重要方面，利用具有分泌胞外蛋白酶能力的嗜热菌的上清液，考察发酵产酶培养基各成分、pH值、温度等影响因素对嗜热菌的生长速率及溶胞特性的影响，确定最适生长条件，为嗜热菌的溶胞特性研究奠定基础。

4.1 嗜热菌的分离及鉴定

4.1.1 嗜热菌的分离

嗜热菌采用脱脂乳培养基进行分离筛选，培养基主要成分为酵母粉 5g，蛋白胨 10g，NaCl 5g，脱脂乳粉 20g，琼脂 20g，pH 7.0。具体操作如下：将 200mL 污泥置于 60℃恒温水浴摇床中驯化，每隔一天用新鲜污泥替换 2/3 的原泥，连续培养 3d。将上述泥样 10 倍梯度稀释，涂布到脱脂乳固体培养基上，60℃恒温培养 2d，如果在培养基上形成透明区域，初步证明该菌具有胞外蛋白酶活性，挑取培养基上透明菌落，接种到培养基（LB）进一步纯化。

在 60℃条件下，从高温驯化剩余污泥中分离具有蛋白酶活性的嗜热菌，采用梯度稀释法进一步分离纯化，其单菌落形态及蛋白质水解活性如图 4-1

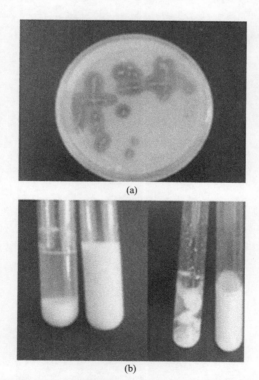

图 4-1 嗜热菌在脱脂乳固体培养基上形成的菌落（a）和在液体培养基中对脱脂乳的水解状况（b）

(彩图见书后)所示。嗜热菌在脱脂乳固体培养基上形成明显的水解圈,单菌落呈乳白色。在脱脂乳液体培养基中可以将脱脂乳水解,形成澄清的上清液,并且在试管底部形成乳白色沉淀。对蛋白酶活性较高的菌株进行进一步的分离纯化,获得3株嗜热菌,分别暂命名为G1、G2和G3。三株嗜热菌均为革兰氏阳性菌株,G1~G3为长杆菌,长度为3~9μm,其原子力显微镜图片和扫描电镜图片如图4-2(彩图见书后)和图4-3所示。

对已分离的3株嗜热菌的最适宜生长温度(图4-4)及pH值进行测定,由于嗜热菌在中温条件下生长较差,因此,考察温度范围为50~70℃,三株菌的最适生长温度范围为60~65℃,最适生长pH值为7~8。

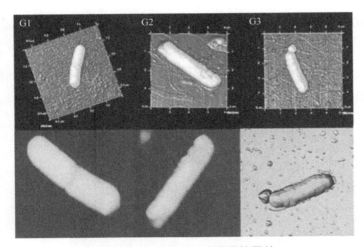

图4-2 嗜热菌原子力显微镜图片

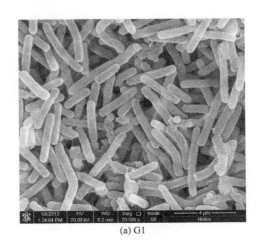

(a) G1

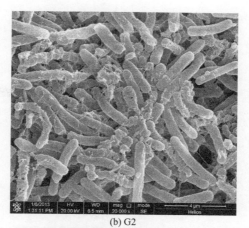

(b) G2

(c) G3

图 4-3 嗜热菌扫描电镜图片

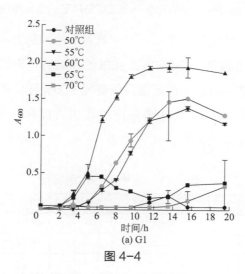

(a) G1

图 4-4

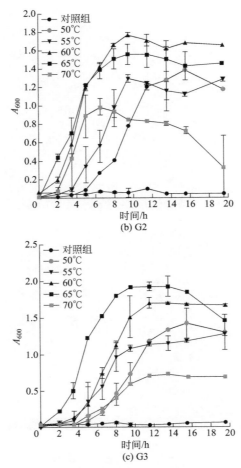

图 4-4 嗜热菌在不同温度条件下的生长曲线

初步确定微生物类型后，扩大培养后接种到 Biolog 专用接种液中，制备成均一菌悬液后转接到 96 微孔板过夜培养，在读数仪上读取代谢指纹特征。利用 Biolog 微平板反应系统研究 3 株嗜热菌对不同碳源的代谢情况，结果（表 4-1）表明，3 株嗜热菌的代谢特征具有显著差异性，证明这 3 株嗜热菌为不同的菌株。

表 4-1 嗜热菌的代谢特征

底物	G1	G2	G3	底物	G1	G2	G3	底物	G1	G2	G3
阴性对照	−	−	−	次黄苷/肌苷	+	++	++	D-葡萄糖醛酸	++	+	++
糊精	−	+	+	1%乳酸钠溶液	++	++	++	葡糖醛酰胺	++	++	++
D-麦芽糖	+	++	++	夹西地酸	−	−	−	半乳糖二酸	++	++	++

续表

底物	G1	G2	G3	底物	G1	G2	G3	底物	G1	G2	G3
D-海藻糖	++	++	++	D-丝氨酸	−	−	−	奎宁酸	++	++	++
D-纤维二糖	+	++	+	D-山梨醇	+	+	+	D-葡萄糖二酸	++	++	++
龙胆二糖	+	+	+	D-甘露醇	++	++	++	万古霉素	−	++	−
蔗糖	++	++	++	D-阿糖醇	+	++	++	四唑紫	−	−	+
松二糖	+	++	++	m-肌醇	+	++	++	四唑蓝	−	−	−
水苏糖	−	+	+	甘油/丙三醇	++	+	++	p-羟基苯乙酸	+	+	+
阳性对照	+	+	+	D-葡萄糖-6-磷酸	++	++	++	丙酮酸甲酯	+	+	++
pH 6	+	++	+	D-果糖-6-磷酸	++	++	++	D-乳酸甲酯	++	++	++
pH 5	−	−	−	D-天门冬氨酸	+	−	++	L-乳酸	++	++	++
D-棉籽糖	+	+	+	D-丝氨酸	++	+	+	柠檬酸	+	+	+
α-D-乳糖	+	+	+	醋竹桃霉素	−	++	−	α-酮戊二酸	++	++	++
D-蜜二糖	+	+	+	利福霉素SV	−	−	+	D-苹果酸	++	++	++
β-甲基-D-半乳糖苷	++	++	++	二甲胺四环素	−	+	−	L-苹果酸	++	++	++
水杨苷	++	+	++	明胶	+	++	+	溴代丁二酸	++	++	++
N-乙酰-D-葡萄糖胺	++	++	++	甘酰胺-L-脯氨酸	++	++	++	萘啶酸	−	+	+
N-乙酰-β-D-甘露糖胺	++	++	++	D-丙氨酸	++	++	++	氯化锂	−	−	−
N-乙酰-D-半乳糖胺	−	+	+	L-精氨酸	++	+	+	亚碲酸钾	−	−	−
N-乙酰神经氨酸	+	+	+	L-天门冬氨酸	++	++	++	吐温40	−	+	+
1%NaCl	+	++	+	L-谷氨酸	++	++	++	γ-氨基丁酸	+	+	+
4%NaCl	+	+	−	L-组氨酸	−	++	−	α-羟丁酸	−	−	−
8%NaCl	−	−	−	L-焦谷氨酸	++	+	++	β-羟基-D,L-丁酸	+	+	++
α-D-葡萄糖	−	+	++	L-丝氨酸	++	+	+	α-丁酮酸	−	+	+
D-鼠李糖	++	+	+	林可霉素	−	−	−	乙酰乙酸	−	−	−
D-果糖	++	+	+	盐酸胍	−	+	−	丙酸	+	+	+
D-半乳糖	++	+	+	十四烷基硫酸钠	−	−	−	乙酸	++	++	−
3-甲基-D-葡萄糖	+	+	+	果胶	++	+	+	甲酸	++	++	+
L-岩藻糖	++	+	+	半乳糖醛酸	++	++	++	氨曲南	−	−	−
D-岩藻糖	++	+	+	半乳糖酸内酯	+	+	+	丁酸钠	−	−	−
L-鼠李糖	++	+	+	葡萄糖酸	++	++	++	溴酸钠	−	−	−

注：−未利用；+半利用；++利用。

4.1.2 嗜热菌的鉴定

提取分离菌株的细胞悬浮液的总DNA，采用PCR扩增16S rDNA片段，正向引物为 5′AGAGTTTGATCMTGGCTCAGPCR 3′，反向引物为 5′GGYTACCTTGTTACGACTT 3′，反应体系为 100μL（表 4-2）。PCR 反应程序：第一步，94℃预变性 3min；第二步，94℃变性 30s，60℃退火 30s，72℃延伸 30s，设置 30 个循环，最后于 4℃保存。

表 4-2　PCR 反应体系（1）

试剂	100μL 反应体系	试剂	100μL 反应体系
Taq 酶	2.0μL	横板 DNA	10.0μL
正向引物，10μmol/L	2.5μL	dNTP	2.0μL
反向引物，10μmol/L	2.5μL	不含 RNA 酶 ddH$_2$O	加至 100μL

对扩增产物进行电泳检测，同时进行胶回收并进一步纯化 PCR 扩增产物。测定 DNA 浓度，链接到质粒 PMD-18（大连 Takara）中，其反应体系如表 4-3 所列，反应液 16℃过夜。最后，链接产物通过热激法转入大肠杆菌 DH5α（E.coli DH5α，大连 Takara）中，具体步骤如下：5.0μL 链接产物与 50μL E.coli DH5α 混匀，冰浴 30min 后，42℃热激 90s，冰上冷却 1～2min，加入 1mL LB 液体培养基，37℃下振荡培养 1h，低速离心收集后接种在含有 Amp$^+$ 的 LB 平板上，37℃培养过夜，挑取转化子进行测序。得到拼接后的测序结果后，在 NCBI（美国国立生物技术信息中心）数据库中进行比对，应用 Mega 4.0.2 软件对分离菌株的 16S rDNA 片段和相关模式菌构建邻接发系统发生树（1000 个重复的系统发生可信度测试）。

表 4-3　PCR 反应体系（2）

试剂	100μL 反应体系	试剂	100μL 反应体系
T4 连接酶缓冲液	1.0μL	DNA	2.0μL
PMD-18 载体	1.0μL	不含 RNA 酶 ddH$_2$O	5.0μL
T4 DNA 连接酶	1.0μL		

由于梭状芽孢杆菌菌属中的嗜热菌在 2001 年重新归类为 8 个细菌菌属，包括芽孢杆菌属（Geobacillus）、脂环酸芽孢杆菌属（Alicyclobacillus）、类芽孢杆菌属（Paenibacillus）、短芽孢杆菌属（Brevibacillus）、解硫胺素芽孢杆菌属（Aneurinibacillus）、枝芽孢杆菌属（Virgibacillu）、需盐芽孢杆

菌属（*Salibacillus*）和糖球菌属（*Gracilibacillus*）[11]。本研究所分离纯化的 3 株嗜热菌经进一步 16S rDNA 测序鉴定，并进行局部序列比对基本检索工具（BLAST）比对分析，比对片段长度为 1500bp 左右。比对结果表明，G1、G2 属于 *Geobacillus* 家族，其分别与嗜热地芽孢杆菌 *Geobacillus lituanicus*（99.9%）和嗜热地芽孢杆菌 *Geobacillus kaustophilus*（99.9%）具有较高的同源性，G3 属于 *Aneurinibacillus* 属，与嗜热嗜气硫胺素芽孢杆菌（*Aneurinibacillus thermoaerophilus*）（99.8%）具有较高的同源性，分别命名为 *Geobacillus* sp. G1（注册号：JX522538）、*Geobacillus* sp. G2（注册号：KJ190160）和 *Aneurinibacillus* sp. G3（注册号：KJ190161），其进化树分析如图 4-5 所示。

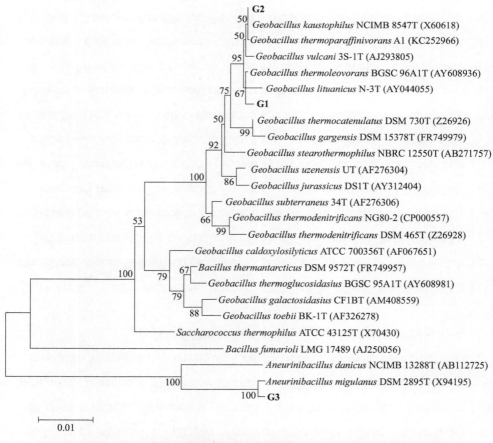

图 4-5　基于 16S rDNA 基因序列嗜热菌株的系统进化树和相似的模式菌种

嗜热菌 *Geobacillus* sp. G1 的 16S rDNA 的碱基序列如下：

```
   1  attagagttt gatcatggct caggacgaac gctggcggcg tgcctaatac atgcaagtcg agcggaccaa
  71  atcggagctt gctctgattt ggtcagcg gcggacgggt gagtaacacg tgggcaacct gcccgcaaga
 141  ccgggataac cccgggaaac cggagctaat accggataaca ccgaagaccg catggtcttt ggttgaaagg
 111  cggcctttgg ctgtcacttg cggatgggcc cgcggcgcat tagctagttg gtgaggtaac ggctcaccaa
 181  ggcgacgatg cgtagccggc ctgagagggt gaccggccac actgggactg agacacggcc cagactccta
 251  cgggaggcag cagtagggaa tcttccgcaa tgggcgaaag cctgacggag cgacgccgcg tgagcgaaga
 321  aggccttcgg gtcgtaaagc tctgttgtga gggacgaagg agcgccgttc gaagagggcg gcgcggtgacg
 391  gtacctcacga ggaagccccg gctaactacg tgccagcagc cgcggtaata cgtaggggggc gagcgttgtc
 461  cggaattatt gggcgtaaag cgcgcgcagg cggtccctta agtctgatgt gaaagcccac ggctcaaccg
 531  tggagggtca ttggaaactg ggggacttga gtgcaggaga ggagagcgga attccacgtg tagcggtgaa
 601  atgcgtagag atgtggagga acaccagtgg cgaaggcggc tctctggcct gcaactgacg ctgaggcgcg
 671  aaagcgtggg gagcaaacag gattagatac cctggtagtc cacgccgtaa acgatgagtg ctaagtgtta
 741  gaggggtcac ccctttagt gctgcagcta acgcgataa gcactccgcc tggggagtac ggccgcaagg
 811  ctgaaactca aaggaattga cgggggcccg cacaagcggt ggagcatgtg gtttaattcg aagcaacgcg
 881  aagaaccta ccaggtcttg acatcccctg acaacccaag agattgggcg ttcccccttc gggggggacag
 951  ggtgacaggt ggtgcatggt tgtcgtcagc tcgtgtcgtg agatgttggg ttaagtcccg caacgagcgc
1021  aaccctcgcc tctagtagcc agcacgaagg tgggcactct agagggactg ccggcgacaa gtcggaggaa
1091  ggtggggatg acgtcaaatc atcatgcccc ttatgacctg gctacacac gtgctacaat gggcggtaca
1161  aagggctgcg aacccgcgag ggggagcgaa tcccaaaaag ccgctctcag ttcggattgc aggctgcaac
1231  tcgcctgcat gaagccggaa tcgctagtaa tcgcggatca gcatgccgcg gtgaatacgt tcccgggcct
1301  tgtacacacc gcccgtcaca ccacgagagc ttgcaacacc cgaagtcggt gaggtaaccc ttacgggagc
1371  cagccgccga aggtggggca agtgattggg gtgaagtcgt aacaaggtag ccaat
```

嗜热菌 *Geobacillus* sp. G2 的 16S rDNA 的碱基序列如下：

```
   1  agagtttgat catggctcag gacgaacgct ggcggcgtgc ctaatacatg caagtcgagc ggaccaaatc
  71  ggagcttgct ctgatttggt cagcggcgga cgggtgagta acacgtgggc aacctgcccg caagaccggg
 141  ataactccgg gaaaccggag ctaataccgg ataacaccga agaccgcatg gtctttggtt gaaaggcggc
 111  ctttggctgt cacttgcgga tgggcccgcg gcgcattagc tagttggtga ggtaacggct caccaaggcg
 181  acgatgcgta gccggcctga gagggtgacc ggccacactg ggactgagac acggcccaga ctcctacggg
```

251　aggcagcagt agggaatctt ccgcaatggg cgaaagcctg acggagcgac gccgcgtgag cgaagaaggc
321　cttcgggtcg taaagctctg ttgtgaggga cgaaggggcg ccgttcgaag agggcggcgc ggtgacggta
391　cctcacgaga aagccccggc taactacgtg ccagcagccg cggtaatacg taggggggcga gcgttgtccg
461　gaattattgg gcgtaaagcg cgcgcaggcg gttccttaag tctgatgtga aagcccacggct caaccgtgga
531　gggtcattgg aaactggggg acttgagtgc aggagaggag agcggaattc cacgtgtagc ggtgaaatgc
601　gtagagatgt ggaggaacac cagtggcgaa ggcggctctc tggcctgcaa ctgacgctga ggcgcgaaag
671　cgtggggagc aaacaggatt agatacctg gtagtccacg ccgtaaacga tgagtgctaa gtgttagagg
741　ggtcacaccc tttagtgctg cagctaacgc gataagcact ccgcctgggg agtacggccg caaggctgaa
811　actcaaagga attgacgggg gcccgcacaa gcggtggagc atgtggttta attcgaagca acgcgaagaa
881　ccttaccagg tcttgacatc ccctgacaac ccaagagatt gggcgttccc ccttcggggg gacagggtga
951　caggtggtgc atggttgtcg tcagctcgtg tcgtgagatg ttgggttaag tcccgcaacg agcgcaaccc
1021　tcgcctctag ttgccagcac gaaggtgggc actctagagg gactgccggc gacaagtcgg aggaaggtgg
1091　ggatgacgtc aaatcatcat gccccttatg acctgggcta cacacgtgct acaatgggcg gtacaaaggg
1161　ctgcgaaccc gcgagggggga gcgaatccca aaaagccgct ctcagttcgg attgcaggct gcaactcgcc
1231　tgcatgaagc cggaatcgct agtaatcgcg gatcagcatg ccgcggtgaa tacgttcccg ggccttgtac
1301　acaccgcccg tcacaccacg agagcttgca cacccgaag tcggtgaggt aacccttacg ggagccagcc
1371　gccgaaggtg gggcaagtga ttggggtgaa gtcgtaacaa ggtaacc

嗜热菌 *Aneurinibacillus* sp. G3 的 16S rDNA 的碱基序列如下：

1　agagtttgat catggctcag gacgaacgct ggcggcgtgc ctaatacatg caagtcgagc gaaccgatgg
71　agtgcttgca ttcctgaggt tagcggcgga cgggtgagta acacgtaggc aacctgcctg tacgacccgg
141　ataactccgg gaaaccggag ctaataccgg ataggatgcc gaaccgcatg gttcggcatg gaaaggcctt
111　tgagccgcgt acagatgggc ctgcggcgca ttagctagtt ggtggggtaa cggcctacca aggcgacgat
181　gcgtagccga cctgagaggg tgaacggcca cactgggact gagacacggc ccagactcct acgggaggca
251　gcagtaggga atcttccgca atggacgaaa gtctgacgga gcaacgccgc gtgagtgagg aaggtcttcg
321　gatcgtaaaa ctctgttgtc agggaagaac cgccgggatg acctcccggt ctgacggtac ctgacgagaa
391　agccccggct aactacgtgc cagcagccgc ggtaatacgt aggggggcaag cgttgtccgg aattattggg
461　cgtaaagcgc gcgcaggcgg cttcttaagt caggtgtgaa agcccacggc tcaaccgtgg agagccatct
531　gaaactgggg agcttgagtg caggagagga gagcggaatt ccacgtgtag cggtgaaatg cgtagagatg
601　tggaggaaca ccagtggcga aggcggctct ctggcctgta actgacgctg aggcgcgaaa gcgtggggag

```
 671 caaacaggat tagatacect ggtagtccac gccgtaaacg atgagtgcta ggtgttgggg agtccacctc
 741 ctcagtgccg cagctaacgc aataagcact ccgcctgggg agtacggccg caaggctgaa actcaaagga
 811 attgacgggg acccgcacaa gcggtggagc atgtggttta attcgaagcaa cgcgaagaac cttaccaggg
 881 cttgacatcc cgctgacccc tccagagatg gaggcttcct tcgggacagcg gtgacaggtg gtgcatggtt
 951 gtcgtcagct cgtgtcgtga gatgttgggttaag tcccgcaacga gcgcaaccctt gtcctttgttg
1021 ccagcattca gttgggcactc taaggagact gccgtcgaca agacggagga aggtggggat gacgtcaaat
1091 catcatgccc cttatgtcct gggctacacac gtgctacaatg gacggtacaac gggcgtgccaa
1161 cccgcgaggg tgagccaatc cctaaaaacc gttctcagtt cggattgcag gctgcaactc gcctgcatga
1231 agccggaatc gctagtaatc gcggatcagc atgccgcggt gaatacgttc ccgggtcttg tacacaccgc
1301 ccgtcacacc acgagagttt gcaacacccg aagtcggtga ggtaaccttc tggagccagc cgccgaaggt
1371 ggggcagatg attggggtga agtcgtaaca aggta
```

4.1.3 嗜热菌的胞外酶活性分析

嗜热菌接种到发酵培养基中，60℃、140r/min 条件下培养 24h 达到 A_{600} 值 1.0。培养液在 4℃条件下 10000r/min 离心 10min。上清液用于溶解模式菌 E.coli。E.coli 接种到 LB 培养基中，37℃、140r/min 条件下培养 72h，使其达到平台期。E.coli 培养液以 5000r/min 离心 10min 收集菌体，采用新鲜的缓冲液重悬［0.05mol/L Tris-HCl (pH 8.5)］，并将 A_{540} 调整到 1.4。细胞悬浮液与嗜热菌上清液等体积混合，60℃水浴水解。在 540nm 处测定细胞悬浮液的吸光度。

嗜热菌的上清液对 E.coli 溶菌实验结果表明，3 株嗜热菌均具有胞外水解酶的活性，并且随着处理时间的延长，E.coli 的溶解率逐渐增加。在 60℃条件下溶解 4h，*Geobacillus* sp. G1 和 *Aneurinibacillus* sp. G3 培养上清液对 E.coli 的溶解率达到 20%，在溶解 16h 时达到 60%，并且溶解活性明显高于 *Geobacillus* sp. G2，是对照组（C）的 6 倍（图 4-6）。

在不同 pH 值条件下，嗜热菌上清液对 E. coli 的溶解率如图 4-7 所示。G1 和 G2 对 E.coli 最佳作用 pH 值范围较窄，在酸性（pH<7）条件下时，对 E.coli 的溶解率小于 10%，在 pH=7～8 时达到最大值，当 pH>10 时，对 E.coli 的溶解率迅速下降。而 G3 在 pH=8 左右达到最佳溶解度，且当

pH>10 时，对 *E.coli* 的溶解率迅速下降。研究表明，胞外酶的最适 pH 值与本研究的嗜热菌胞外酶相近，pH 大多在中性附近[12]。

剩余污泥本身可以看作是一种高浓度高悬浮固体有机水，主要成分包

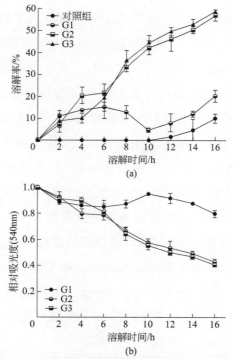

图 4-6　在 60℃条件下嗜热菌对 *E.coli* 的溶解

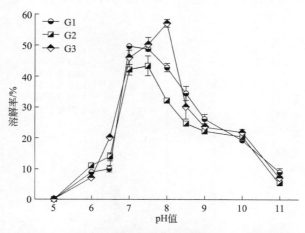

图 4-7　不同 pH 值条件下嗜热菌对 *E.coli* 的溶解率

括溶解的有机单体（单糖、氨基酸等）和悬浮的复杂有机物（主要包括蛋白质、脂肪和以直链淀粉为主的碳水化合物等），其中碳水化合物的比例达到总COD的20%[13]。因此，在剩余污泥水解过程中，活性微生物分泌的胞外酶主要包括氨基肽酶、α-葡萄糖苷酶、蛋白酶和淀粉酶，其中蛋白酶和淀粉酶比例分别占总酶量的23%和44%，主要参与蛋白质和碳水化合物的水解[14]。因此，对已获得的3株嗜热溶胞菌对 E.coli 都表现出的溶解特性，检测其胞外酶活性（图4-8），实验结果表明 Geobacillus sp. G1 和 Geobacillus sp. G2 均具有蛋白酶和淀粉酶活性，但是 Aneurinibacillus sp. G3 菌上清液中没有检测到淀粉酶活性。在溶解 E.coli 的过程中，3株嗜热菌所分泌的蛋白酶的活性显著高于淀粉酶的活性。在 Geobacillus sp. G1 中蛋白酶活性的最大值为1.5Eu/mL，而淀粉酶仅为0.2 Eu/mL，表明 E.coli 溶解率与蛋白酶、淀粉酶活性密切相关，蛋白酶和淀粉酶的联合作用促进 E.coli 的裂解，且蛋白酶活性在溶解 E.coli 细胞时占有主导作用。嗜热菌对不同培养时间的 E.coli 悬浮液的溶解率如图4-9所示。在60℃条件下，Geobacillus sp. G1 和 Geobacillus sp. G2 对培养24h的 E.coli 悬浮液的溶解率可达50%。Aneurinibacillus sp. G3 对培养72h的 E.coli 悬浮液的溶解率可达55%，培养48h的 E.coli 悬浮液可达50%。Geobacillus sp. G1 对培养72h的 E.coli 悬浮液的溶解率在45%左右，Geobacillus sp. G2 对培养72h的 E. coli 悬浮液的溶解率在40%左右，并且3株嗜热溶胞菌对于培养144h的 E.coli 悬浮液的溶解率均相对较低，仅为30%左右。

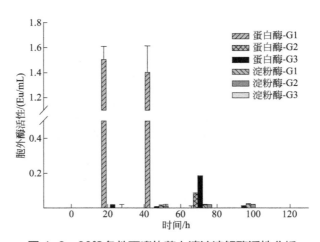

图4-8　60℃条件下嗜热菌上清液溶解酶活性分析

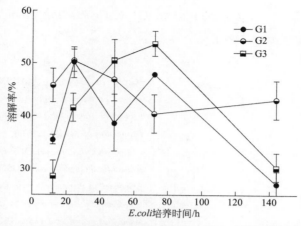

图 4-9　在 60℃条件下嗜热菌对不同培养时间的 *E.coli* 悬浮液的溶解率

4.2　嗜热菌溶胞性能优化

4.2.1　菌株的选择

早期研究中，在高温好氧消化过程中，生物多样性较低，其中主要的微生物包括嗜氢菌科（Hydrogenophilaceae）、热袍菌科（Thermotogaceae）、梭菌科（Clostridiaceae）、芽孢杆菌（如脂肪嗜热芽孢杆菌）、短芽孢杆菌（*Brevibacillus*）、脲芽孢杆菌属（*Ureibacillus*）和 *Geobacillus*，因此，*Geobacillus* 菌属在高温好氧污泥系统中为常见功能菌系。基于 4.1 节中对 *E.coli* 溶解性能及胞外酶活性的研究结果，后续研究以 *Geobacillus* sp. G1 作为实验菌株。*Geobacillus* sp. G1 为革兰氏阳性杆状细胞，0.5～1.0μm，无鞭毛，是兼性好氧菌。*Geobacillus* sp. G1 在固体培养基上生长产生乳白色单菌落，表面规则，边缘整齐，表面光滑。在 *Geobacillus* 家族中所有菌属的 16S rDNA 的同源性均高于 96%[15]，并且 *Geobacillus* sp. G1 与 *Geobacillus kaustophilus*、嗜热嗜油芽孢杆菌（*Geobacillus thermoleovorans*）、嗜热芽孢杆菌 *Geobacillus vlucani* 和地衣芽孢杆菌（*Geobacillus lituanicus*）的同源性均在 99.14%～99.79% 之间。进化距离分析结果表明，*Geobacillus* sp. G1 与 *Geobacillus lituanicus*（AY044055）的进化距离较近（图 4-10）。

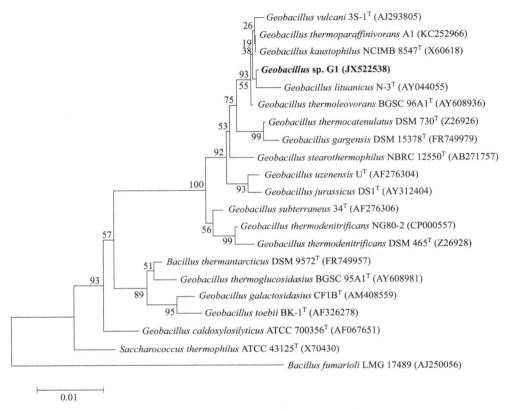

图 4-10　基于 16S rDNA 的进化树分析 *Geobacillus* sp. G1 和相似模式菌种

4.2.2　溶胞性能优化

采用 Plackett-Burman Design（PBD）确定发酵培养基主要成分脱脂乳、酵母粉、$(NH_4)_2SO_4$、NaCl、K_2HPO_4、KH_2PO_4、$MgSO_4 \cdot 7H_2O$，以及 pH 值中对 *E. colli* 的溶解性能具有显著影响的因子。将实验用 *Geobacillus* sp. G1 接种到发酵培养基中，60℃、140r/min 条件下培养 24h 达到 A_{600} 值 1.0。培养液在 4℃、10000r/min 条件下离心 10min。上清液用于溶解 *E.coli* 和剩余污泥。*E.coli* 接种到 LB 培养基中，37℃、140r/min 条件下培养 72h，使其达到平台期。*E.coli* 培养液以 5000r/min 离心 10min 收集菌体，采用新

鲜的缓冲液重悬菌体［0.05mol/L Tris-HCl (pH 8.5)］，并将 A_{540} 调整到1.4。细胞悬浮液与嗜热菌上清液等体积混合，60℃下水浴水解。在540nm处测定细胞悬浮液的吸光度。

PBD 主要用于确定 E.coli 水解性能的关键影响因素，其线性等式为[16]：

$$Y = A_0 + \sum A_i X_i \tag{4-1}$$

式中，Y 为溶解率；A_0 为模型截距；A_i 为线性系数；X_i 为独立变量水平。选定酵母粉、$(NH_4)_2SO_4$、NaCl、脱脂乳、K_2HPO_4、KH_2PO_4、$MgSO_4 \cdot 7H_2O$ 和 pH 值作为检验影响 E.coli 水解性能的主要参数。所有实验重复三次。基于 PBD 结果，每个参数检验 -1 和 $+1$ 两个水平，实验设计以及获得的相应的 E. coli 溶解率如表4-4所列。

表4-4　Plackett-Burman 实验设计和结果

序号	X_1	X_2	X_3	X_4	X_5	X_6	X_7	X_8	水解率/%
1	−1	−1	−1	1	−1	1	1	−1	25.33
2	1	−1	1	−1	1	1	−1	−1	32.11
3	1	1	1	1	1	−1	1	1	30.35
4	−1	−1	1	−1	1	−1	1	1	17.58
5	1	−1	−1	1	1	1	1	1	21.11
6	1	−1	−1	−1	1	1	−1	1	27.58
7	−1	1	1	1	−1	1	1	1	20.26
8	1	−1	1	1	1	−1	−1	1	29.79
9	−1	1	−1	1	1	1	1	−1	16.03
10	−1	1	1	1	1	1	−1	−1	19.42
11	1	1	1	1	1	1	−1	1	12.22
12	−1	−1	−1	−1	−1	−1	−1	−1	3.32

注：X_1—脱脂乳；X_2—酵母粉；X_3—$(NH_4)_2SO_4$；X_4—KH_2PO_4；X_5—K_2HPO_4；X_6—NaCl；X_7—$MgSO_4 \cdot 7H_2O$；X_8—pH 值。

PBD 统计分析结果（表4-5）显示，每个变量对溶解率的影响通过因子高低水平的差异性决定。脱脂乳、K_2HPO_4 和 NaCl 对 E.coli 溶解性能起积极作用，酵母粉、$(NH_4)_2SO_4$、KH_2PO_4、$MgSO_4 \cdot 7H_2O$ 和 pH 值起消极作用。脱脂乳、K_2HPO_4 和 NaCl 对于 E. coli 溶解性能的贡献显著高于其他变量，因此，选取脱脂乳、K_2HPO_4 和 NaCl 作为优化实验的主要参数。

表 4-5　Plackett-Burman Design 统计学分析

编号	变量	标准化影响	贡献	F[①]值	P 值
X_1	脱脂乳	8.54	28.08	59.75	0.0163
X_2	酵母粉	−0.56	0.12	6.11	0.132
X_3	$(NH_4)_2SO_4$	7.32	20.65	43.93	0.022
X_4	KH_2PO_4	4.83	8.89	19.10	0.0486
X_5	K_2HPO_4	−3.03	3.53	7.51	0.1113
X_6	NaCl	6.09	14.28	30.38	0.0314
X_7	$MgSO_4 \cdot 7H_2O$	−0.23	0.021	0.045	0.8522
X_8	pH 值	1.60	0.99	2.10	0.2844

① 指 F 检验。

基于上述实验结果，采用 $U_{12}(12^3)$ 均匀设计（UD）进一步优化实验。PBD 实验筛选出脱脂乳（X_1，g/L）、$(NH_4)_2SO_4$（X_3，g/L）和 NaCl（X_6，g/L）三个对溶解率有重要影响的参数，其各因素水平如表 4-6 所列。

表 4-6　均匀设计各因素水平

参数	水平					
	1	2	3	4	5	6
X_1, 脱脂乳 /(g/L)	10	11	12	13	14	15
X_3, $(NH_4)_2SO_4$/(g/L)	7	8	9	10	11	12
X_6, NaCl/(g/L)	0	1	2	3	4	5

变量的 UD 设计及响应值如表 4-7 所列。通过应用多元回归分析实验数据，用于描述变量之间的相关性和 E.coli 细胞溶解率的方程，其中 Y 表示预测 E.coli 细胞溶解率，X_1、X_3 和 X_6 分别代表脱脂乳、K_2HPO_4 和 NaCl 的浓度。

$$Y = -649.59 + 63.58X_1 + 50.71X_3 + 21.48X_6 - 1.70X_1X_3 - 0.15X_1X_6 - 0.59X_3X_6 - 1.82X_1^2 - 1.30X_3^2 - 1.54X_6^2 \quad (4-2)$$

每个参数在多项式模型中的 F 值和 P 值如表 4-8 所列。方差分析（ANOVA）用于检验细胞溶解率是否符合二次多项式方程。P 检验小于 0.05，因此，获得的数学模型具有显著性。由于噪声影响，其中有 0.52% 的概率影响模型的精度（46.33）。模型没有出现不贴合现象，且表现出较高的决定系数（R^2=0.9988）。因此，上述二次多项式方程可以用于本研究的优化 E.coli 的溶解性能分析。

表 4-7 变量的 UD 设计及响应值

实验序号	X_1	X_3	X_6	因子			对应参数 /(g/L)			响应值
				X_1	X_3	X_6	脱脂乳	$(NH_4)_2SO_4$	NaCl	水解率 /%
1	1	6	10	1	3	5	10	9	4	35.06
2	2	12	7	1	6	4	10	12	3	44.98
3	3	5	4	2	3	2	11	9	2	34.08
4	4	11	1	2	6	1	11	12	0	25.37
5	5	4	11	3	2	6	12	8	5	45.24
6	6	10	8	3	5	4	12	11	3	50.35
7	7	3	5	4	2	3	13	8	1	51.51
8	8	9	2	4	5	1	13	11	0	25.44
9	9	2	12	5	1	6	14	7	5	44.36
10	10	8	9	5	4	5	14	10	4	50.19
11	11	1	6	6	1	3	15	7	2	29.79
12	12	7	3	6	4	2	15	10	1	26.78

表 4-8 每个参数在多项式模型中的 F 值和 P 值

响应值统计学分析	因子								
	X_1	X_3	X_6	X_1X_3	X_1X_6	X_3X_6	X_1^2	X_3^2	X_6^2
F 值	0.69	595.32	16.66	1.89	26.61	33.01	137.77	183.89	34.86
P 值	0.4945	0.0017	0.0551	0.3028	0.0356	0.0290	0.0072	0.0054	0.0275

注：X_1—脱脂乳；X_3—$(NH_4)_2SO_4$；X_6—NaCl。

基于二次多项式方程，脱脂乳（X_1）、$(NH_4)_2SO_4$（X_3）和 NaCl（X_6）的优化值为 10.78g/L、11.28g/L 和 4.36g/L，预测 Geobacillus sp. G1 对 E.coli 的最大溶解率为 50.9%。进一步采用 Design Expert 软件（Version 7.1.0，Stat-Ease Inc.，Minneapolis，MN，USA）对数据结果进行回归和图像分析，在参数变化范围内，以其中一个参数最优值为固定值，获得其他两个变量的 2 维和 3 维等高线及响应曲面图。相应的等高线和响应曲面图如图 4-11 所示（彩图见书后）。图 4-11（a）表述的是 NaCl（X_6）在最优值时，观察脱脂乳（X_1）和 $(NH_4)_2SO_4$（X_3）对溶解率的影响。图 4-11（b）表述

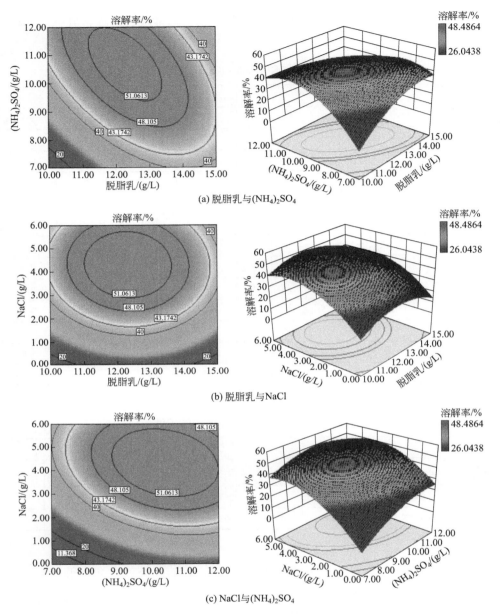

图 4-11 *E.coli* 溶解率的等高线和响应曲面图

的是 $(NH_4)_2SO_4$（X_3）在最优值时，观察脱脂乳（X_1）和 NaCl（X_6）对溶解率的影响。图 4-11（c）表述的是脱脂乳（X_1）在最优值时，观察 $(NH_4)_2SO_4$（X_3）和 NaCl（X_6）对溶解率的影响。由于响应曲面具有显著峰，说明最优值在试验设计的条件变化范围之内。溶解率随着三个变量浓度的增加而提高，在最优值时达到最大值，然后呈下降的趋势。因此，脱脂乳、$(NH_4)_2SO_4$ 和 NaCl 对 E.coli 的溶解率具有显著影响。由于适当增加这三个因素的浓度可以有效地强化对 E.coli 的溶解作用。相反，过剩的营养对胞外酶的释放有抑制作用，从而导致较低的 E.coli 溶解率。

4.2.3 溶胞性能验证

在优化条件下，通过 Geobacillus sp. G1 对 E.coli 的溶解性能分析验证模型的可靠性。根据 UD-RSM 分析结果，获得优化条件：脱脂乳 10.78g/L、酵母粉 3.0g/L、$(NH_4)_2SO_4$ 11.28g/L、NaCl 4.3g/L、K_2HPO_4 1.2g/L、KH_2PO_4 0.7g/L、$MgSO_4 \cdot 7H_2O$ 0.5g/L，pH 7.0。在此条件下，Geobacillus sp. G1 上清液对 E.coli 的溶解率达到 50.1%±0.3%。预测值与实际值之间有很高的相关性，实际结果达到理想值。Geobacillus sp. G1 与其他溶胞菌对微生物的溶解作用的对比如表 4-9 所列。Geobacillus sp. G1 的溶胞作用显著高于已报道的其他溶胞。优化后 E. coli 的最大溶解率为 50.1%，比优化前提高了 10.6%。蛋白酶的活性达到 3.4 Eu/mL，优化前为 1.7 Eu/mL。

表 4-9 嗜热菌水解活性污泥和 E. coli 比较

菌种名称	底物	温度/℃	处理时间/h	pH	水解率/%	参考文献
Geobacillus sp.SY9	E.coli	60	4	7	15	[17]
Geobacillus sp.SY14	E.coli	60	4	7	20	[17]
Geobacillus sp.SY9+ Geobacillus sp.SY14	E.coli	60	4	7	42	[17]
Geobacillus sp. G1	E.coli	60	4	7	50.10	
Exiguobacterium sp. YS1	WAS	28	120	9	15	[18]
Bacillus sp. SPT2-1	WAS	65	5	—	18	[19]
Geobacillus sp. G1	WAS	60	4	—	15.4～36.9	

注：WAS 指剩余活性污泥。

在剩余污泥体中投加不同体积的嗜热菌上清液，其微生物细胞溶解率以有机物的溶解性化学需氧量（SCOD）水解率为衡量标准。剩余污泥微生物细胞收集步骤如下：污泥在室温、5000r/min 条件下离心 10min，等体积的新鲜缓冲液（0.05 mol/L Tris-HCl，pH 8.5）冲洗 2 次，重悬。嗜热菌上清液投加量为 25%、35%、50% 和 65%。对照组采用灭菌的上清液，并测定蛋白质浓度，以去除胞外酶对溶解性蛋白质浓度计算的影响。最后，在 500mL 的锥形瓶中加入 300mL 的混合液，60℃下处理 4h。结果显示，在 60℃、处理 4h 条件下，不同投加比例的 *Geobacillus* sp. G1 上清液对剩余污泥微生物的水解率（$V_{G1} : V_{WAS}$）如图 4-12（a）所示。在水解实验过程中，接种上清液组的水解率均高于对照组。溶解率和相关的溶解性蛋白质的释放随着投加比例的增加而升高。在投加比例为 65% : 35% 时，水解率达到 36.6%，是对照组（2.9%）的 12.6 倍。*Geobacillus* sp. G1 上清液的投加比例不同，导致水解体系中胞外酶的相对比例不同，因此，上清液对剩余污泥的水解率差异显著。在 *Geobacillus* sp. G1 投加比例为 35% 时，*Geobacillus* sp. G1 上清液对每升污泥体系贡献的溶解性蛋白质的量（以

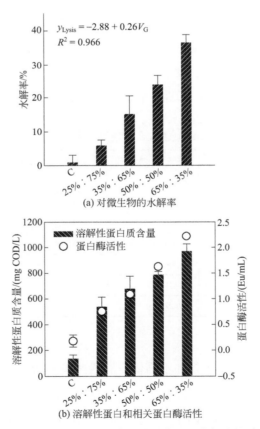

图 4-12 *Geobacillus* sp. G1 上清液对剩余污泥水解分析（$V_{G1} : V_{WAS}$）

COD 计）为 1.7mg/mL，是投加量 65% 的 1.4 倍、50% 的 1.3 倍、25% 的 1.1 倍。因此，最适宜的 *Geobacillus* sp. G1 投加比例为 35%，对剩余污泥的水解率为 15.37%。在此条件下，溶解性蛋白质的浓度为 695mg COD/L，是对照组（140mg COD/L）的 5.0 倍，相应的蛋白酶的活性达到 1.1Eu/mL。Li 等[20]研究结果表明，在 50℃条件下接种高温短程反硝化菌 KH3（*Brevibacillus* sp. KH3）（1mL/100g WAS）处理 4h 后，溶解性蛋白质的浓度达到 270mg/L 左右，VSS 去除率达到 54.8%。Hasegawa 等[19]研究发现，在 65℃条件下，嗜热菌 *Bacillus* sp. SPT2-1 的上清液处理剩余污泥 5h 后，剩余污泥的水解率达到 18%，当处理时间为 1～2d 时，剩余污泥的水解率达到 40%。相比之下，接种具有稳定胞外酶活性的上清液可以缩短处理时间，优势在于在有效地减少有机物的微生物代谢消耗的同时可以提高胞外酶的利用效率。

SEM 结果显示 *Geobacillus* sp. G1 可以有效地溶解 *E.coli* 细胞（图 4-13）。采用 *Geobacillus* sp. G1 上清液处理 *E.coli* 细胞 4h，*E.coli* 细胞的细胞膜表面出现大量的损伤。与优化前相比，*E.coli* 细胞的损伤程度显著增加。类似的现象出现在剩余污泥处理过程中，*Geobacillus* sp. G1 上清液的投加显著地提高了剩余污泥微生物的水解速率，以 *Geobacillus* sp. G1 的上

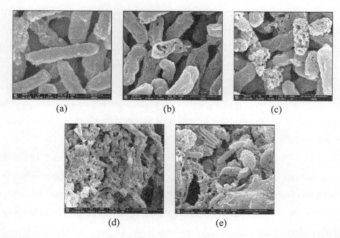

图 4-13　*Geobacillus* sp. G1 上清液对 *E. coli* 和剩余污泥微生物的水解扫描电镜图片
（a）未处理 *E. coli*；（b）优化前 *Geobacillus* sp. G1 上清液处理后的 *E. coli*（$V_{G1}:V_{E.coli}$=50%:50%）；（c）优化后 *Geobacillus* sp. G1 上清液处理后的 *E. coli*（$V_{G1}:V_{E.coli}$=50%:50%）；（d）未处理剩余污泥；（e）优化后 *Geobacillus* sp. G1 上清液处理后的剩余污泥（$V_{G1}:V_{WAS}$=65%:35%）

清液投加比例为65%为例，剩余污泥微生物细胞出现明显的损伤。说明嗜热菌上清液中的胞外酶可以迅速作用于微生物细胞，加速剩余污泥中微生物细胞的裂解。

参考文献

[1] Khursheed A, Kazmi A A. Retrospective of ecological approaches to excess sludge reduction[J]. Water Research, 2011, 48:4287-4310.

[2] Snaidr J, Amann R, Huber I, et al. Phylogenetic analysis and in situ identification of bacteria in activated sludge[J]. Applied and Environmental Microbiology, 1997, 63(7):2884-2896.

[3] Neyens E, Baeyens J. A review of thermal sludge pre-treatment processes to improve dewaterability[J]. Journal of Hazardous Materials, 2003, 98(1-3):51-67.

[4] Yi W G, Lo K V, Mavinic D S. Effects of microwave, ultrasonic and enzymatic treatment on chemical and physical properties of waste-activated sludge[J]. Journal of Environment Health, Part A Environmental Science, 2013, 49(2):203-209.

[5] Kim Y K, Bae J H, Oh B K, et al. Enhancement of proteolytic enzyme activity excrted from *Bacillus stearothermophilus* for a thermophilic aerobic digestion process[J]. Bioresource Technology, 2002, 82:157-164.

[6] Wang T, Shao L, Li T, et al. Digestion and dewatering characteristics of waste activated sludge treated by an anaerobic biofilm system[J]. Bioresource Technology, 2014, 153(0):131-136.

[7] Foladori P, Andreottola G, Ziglio G. Sludge reduction technologies in wastewater treatment plants [R]. IWA Publishing London, UK, 2010.

[8] Nielsen B, Petersen G. Thermophilic anaerobic digestion and pasteurisation. Practical experience from danish wastewater treatment plants[J]. Water Science & Technology, 2000, 42(9):65-72.

[9] Yan S, Miyanaga K, Xing X H, et al. Succession of bacterial community and enzymatic activities of activated sludge by heat-treatment for reduction of excess sludge[J]. Biochemical Engineering Journal, 2008, 39(3):598-603.

[10] Hery M, Sanguin H, Perez Fabiel S, et al. Monitoring of bacterial communities during low temperature thermal treatment of activated sludge combining DNA phylochip and respirometry techniques[J]. Water Research, 2010, 44(20):6133-43.

[11] Nazina T N, Tourova T P, Poltaraus A B, et al. Taxonomic study of aerobic thermophilic bacilli: descriptions of *Geobacillus* subterraneus gen nov, sp nov and *Geobacillus uzenensis* sp nov from petroleum reservoirs and transfer of *Bacillus stearothermophilus*, *Bacillus thermocatenulatus*, *Bacillus thermoleovorans*, *Bacillus kaustophilus*, *Bacillus thermoglucosidasius* and *Bacillus thermodenitrificans* to *Geobacillus* as the new combinations *G-stearothermophilus*, *G-thermocatenulatus*, *G-thermoleovorans*, *G-kaustophilus*, *G-thermoglucosidasius* and *G-thermodenitrificans*[J]. International Journal of Systematic and Evolutionary Microbiology, 2001, 51(2):433-446.

[12] Andrews B A, Asenjo J A. Enzymatic lysis and disruption of microbial cells[J]. Trends in

Biotechnology, 2007, 5(10):273-277.

[13] 李科. 剩余污泥高温 - 中温两相厌氧消化试验研究 [D]. 绵阳：中国工程物理研究院, 2007.

[14] Cadoret A, Conrad A, Block J C. Availability of low and high molecular weight substrates to extracellular enzymes in whole and dispersed activated sludges[J]. Enzyme and Microbial Technology, 2002, 31(1-2):179-186.

[15] Kuisiene N, Raugalas J, Stuknyte M, et al. Identification of the genus *Geobacillus* using genus-specific primers, based on the16S-23SrRNA gene internal transcribed spacer[J]. FEMS Microbiology Letters, 2007, 277(2):165-172.

[16] 陆燕, 梅乐和, 陆悦飞, 等. 响应面法优化工程菌产细胞色素 [J]. 化工学报, 2005, 57(5):1187-1191.

[17] Song Y D, Hu H Y, Zhou Y X. Lysis of stationary-phase bacterial cells by synergistic action of lytic peptidase and glycosidase from thermophiles[J]. Biochemical Engeering Journal, 2010, 52(1):44-49.

[18] Sun H L, Chung W C, Young J Y, et al. Effect of alkaline protease-producing *Exiguobacterium* sp. YS1 inoculation on the solubilization and bacterial community of waste activated sludge[J]. Bioresource Technology, 2009, 100:4597-4603.

[19] Hasegawa S, Shiota N, Katsura K, et al. Solubilization of organic sludge by thermophilic aerobic bacteria as a pretreatment for anaerobic digestion[J]. Water Science & Technology, 2000, 41(3):163-169.

[20] Li X, Ma H, Wang Q, et al. Isolation, identification of sludge-lysing strain and its utilization in thermophilic aerobic digestion for waste activated sludge[J]. Bioresource Technology, 2009, 100(9):2475-2481.

第5章

嗜热菌预处理剩余污泥及对发酵产酸功能微生物影响解析

传统厌氧消化难以实现快速水解微生物细胞，导致厌氧消化速率慢、周期长，因此，微生物细胞的水解成为加速厌氧消化的关键[1]。早期研究证明物理/化学预处理方法由于对反应条件及设备要求苛刻等限制因素不能实现广泛应用。而生物预处理技术则因经济、廉价、无二次污染的优势，已引起越来越多的关注。首先，高温条件下微生物酶的活性较高，并且高温条件下可破坏微生物细胞的外膜，有利于对污泥中微生物的水解。其次，嗜热菌的酶绝大多数具有热稳定性，而且对化学变性剂（如尿素和表面活性剂等）也具有较高的耐受性。因此，在成分复杂的剩余污泥中，嗜热菌释放的胞外酶仍可保持活性。最后，高温条件可使污泥中原来的蛋白酶变性失活，且嗜热菌分泌的溶胞酶不受影响，有利于溶胞酶在污泥处理反应器中的稳定存在。嗜热菌溶胞技术具有较低的能量消耗，在实际规模的污泥二级消化系统中，嗜热菌污泥溶胞段能耗为 0.2～1.1MJ/kg TDS（总溶解固体），而物理溶胞技术为 2～200MJ/kg TDS，微波法为 7.8～13MJ/kg TDS，臭氧氧化法为 8～12MJ/kg TDS[2,3]。在高温条件下，能够分泌蛋白酶的嗜热菌可以存活，并且利用剩余污泥中的有机质生长繁殖[4]。因此，通过接种嗜热菌分泌的胞外酶可以实现短时高效解聚、破解剩余污泥，并有利于提高后续剩余污泥资源化利用效率[5]。

针对剩余污泥是多种细菌的混合培养体系，而非单一细菌的纯培养体系，并且剩余污泥中的细菌细胞处于稳定生长期或衰亡期的特点，本部分以分离自剩余污泥的 3 株嗜热菌中对 *E.coli* 溶解性能较高的 *Geobacillus* sp. G1 为模式菌，主要考察嗜热菌对污泥微生物细胞破壁效果，分析对污泥微生物的水解程度、液相中可溶性有机物组成情况及对剩余污泥微生物群落结构的影响，同时考察投加嗜热菌对后续产酸发酵的影响，并对相关功能基因的变化水平进行监测。

5.1 嗜热菌投加比例的优化

5.1.1 微生物活性分析

嗜热菌 *Geobacillus* sp. G1 在 LB 培养基中培养过夜，使其处于指数增长期（A_{600}=1.0～1.5），用于后续投加实验。60℃条件下，采用嗜热菌投加比（V_{G1}/V_{WAS}）为 5%、10%、15%、20% 和 30% 对剩余污泥（VSS=10g/L）处理 24h。为了避免温度对嗜热菌水解剩余污泥的影响，在相同处理条件下采用 60℃预处理污泥作为对照组（C）。嗜热菌在投加到剩余污泥体系中之前，菌悬液在 5000r/min 下离心 10min，并收集菌体，将菌体投加到剩余污泥中进行预处理。

通过测定荧光素二乙酸酯（FDA）水解酶活性，分析剩余污泥中的微生物水解酶活性，包括蛋白酶、酯酶和脂酶等[6,7]。通过测定 5%～30%（体积分数）投加比的污泥体系中 FDA 水解酶活性确定剩余污泥中微生物活性，分析结果（图 5-1）发现，投加 *Geobacillus* sp. G1 组 FDA 的水解酶活性均比对照组高，并且随着处理时间的增加，FDA 的水解酶活性显著增加。除对照组外，投加 *Geobacillus* sp. G1 组 FDA 的水解酶活性变化趋势基本一致，在处理时间为 6h 时达到峰值，而对照组在 12h 时达到峰值。在 *Geobacillus* sp. G1 投加比例为 10% 时，FDA 的水解酶活性最大值为

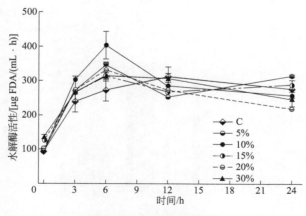

图 5-1 水解酶活性分析

(403±4)μg FDA/(mL·h)，是对照组的 1.5 倍。对照组在 6h 时，FDA 的水解酶活性仅为 (273±3)μg FDA/(mL·h)。

5.1.2 溶解性有机物分析

污泥中的有机物主要以蛋白质的形式存在，蛋白质的水解程度直接影响剩余污泥的厌氧消化性能，因此，蛋白质的水解是污泥水解性能的重要指标。本节采用 SCOD、溶解性碳水化合物和溶解性蛋白质的浓度表征 *Geobacillus* sp. G1 对剩余污泥中有机物释放的影响。如图 5-2 所示，在 *Geobacillus* sp. G1 投加量为 10%，处理时间为 6h 时，SCOD 的浓度为 (4130±170)mg COD/L，为对照组的 1.5 倍；溶解性蛋白质的浓度为

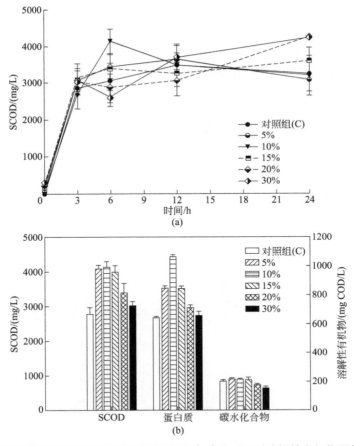

图 5-2 不同投加比例条件下 SCOD 的变化（a）和 6h 时溶解性有机物释放量（b）

(1063±15)mg COD/L，为对照组的 1.7 倍；溶解性碳水化合物的浓度为 (213±6)mg COD/L，为对照组的 1.1 倍。其原因是剩余污泥本身存在的嗜热菌浓度很低，造成蛋白质的水解速率较低。嗜热菌 *Geobacillus* sp. G1 菌体在投加比例为 10% 时分泌的酶的活性相对较高，剩余污泥水解进程较快，溶解性蛋白质浓度增加。当 *Geobacillus* sp. G1 投加量大于 15% 时，SCOD、溶解性碳水化合物和溶解性蛋白质的浓度并没有随着投加量的增加而增加。Liu 等[8]研究证明在剩余污泥中接种的嗜热菌可以迅速成为消化体系中具有一定影响力的微生物，同时有机物组成的变化进一步证明微生物对有机质的水解代谢作用。因此，接种过量的嗜热菌将导致有机质大量消耗，使得溶解性有机物含量降低[9]。因此，采用适宜的投加量（10%）更有利于促进有机质的水解和释放。

为了考察水解后剩余污泥的应用价值，以投加 *Geobacillus* sp. G1 水解后的污泥样品作为种泥，以不同比例（5%～50%）投加到剩余污泥中，其溶解性有机物的释放量如图 5-3 所示，其中以对照组（C）和投加比例 10% 的嗜热菌 *Geobacillus* sp. G1 预处理（G）后溶解性有机物的浓度作为参照。结果表明，在不同的投加比例条件下，溶解性碳水化合物的释放量无显著性差异，均在 200mg COD/L 左右。而溶解性蛋白的释放量具有显著性差异，在投加对照组种泥的比例为 50% 时，剩余污泥中溶解性蛋白质的释放量与嗜热菌预处理、投加嗜热菌种泥（25%）处理组中溶解性蛋白质的释放量相同。因此，具有外加 *Geobacillus* sp. G1 的剩余污泥

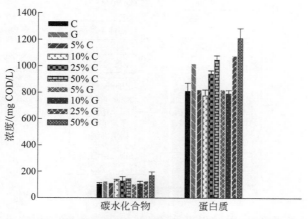

图 5-3　不同投加比例溶解性有机物的释放量

的水解性能显著高于热处理组，为获得同等溶解性蛋白质浓度，采用 Geobacillus sp. G1 处理后的剩余污泥作为种泥可以有效地提升处理效率。因此，将 Geobacillus sp. G1 一次性投加到连续流或半连续流反应器中强化剩余污泥的水解具有一定的可行性。

5.1.3 水解阶段微生物群落结构分析

（1）群落丰度和多样性分析

由于外加嗜热菌可以迅速成为消化体系中对原有微生物群落结构具有一定影响的微生物[8]，因此，对 Geobacillus sp. G1 投加量为 10%、水解 6h 的污泥样品进行高通量测序。聚类分析根据多条序列间的距离进行分析，然后以序列之间的相似性作为阈值将样品分成操作分类单元（OTU），通常以 0.97 作为阈值（3% 的差异性）的序列相似性定位。OTU 聚类采用的软件为 Cluster 和 Treeview。并且对测序后的数据进行进一步的门、纲和属的相对丰度分析。计算 Alpha 多样性指标，包括丰富度指数（richness）、Shannon 指数、ACE 指数、Chao1 指数等。具体分析流程如图 5-4 所示。

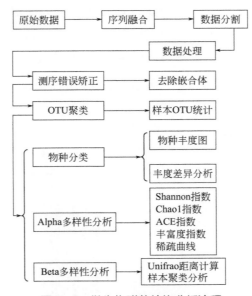

图 5-4　微生物群落结构分析流程

高通量测序分析结果（表 5-1）显示，水解过程中获得有效的优化序列为 9694～10899，平均长度在 360bp 以上，以 3% 的差异性划分（相似性 >97%），可划分为对照组 2142 个 OTUs，嗜热菌预处理组 1925 个 OTUs。当测序数量接近 10000 时，*Geobacillus* sp. G1 预处理组的微生物种类明显下降。Shannon 指数主要用于表征样品中微生物群落的多样性和物种丰度[10]（图 5-5），Chao1 和 ACE 丰富度用于表示达到饱和测序时能获得的最大物种数量，其包含物种丰度和物种分布均匀性的信息。Chao1 的理论最大 OTU 数为 5234（C_H）和 4237（G_H），说明对照组的微生物群落比投加嗜热菌组群落具有更高的物种丰度。Shannon 指数分析结果表明，对照组中生物多样性最高（Shannon 指数 =5.99），而嗜热菌预处理组较低（Shannon 指数 =5.85）。因此，对照组的微生物多样性显著高于嗜热菌预处理组，其原因是投加 *Geobacillus* sp. G1 对微生物的群落多样性变化有显著影响。

表 5-1　水解过程高通量测序数据

项目	C_H	G_H	项目	C_H	G_H
序列数	10899	9694	Chao1 丰富度	5234	4237
OTUs[①]	2142	1925	Shannon 指数	5.99	5.85
ACE 丰富度	8001	6432			

注：C_H—对照组；G_H—10% 嗜热菌 *Geobacillus* sp. G1 预处理组。
① 3% 的差异性。

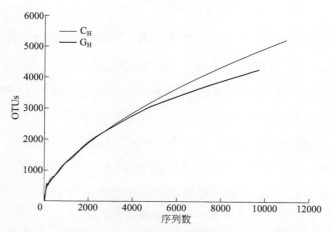

图 5-5　基于 Illumina HiSeq 的微生物群落 Chao1 稀疏曲线

（2）群发育系统分类

参与剩余污泥水解的微生物主要包括厚壁菌门（Firmicutes）、拟杆菌门（Bacteroidetes）和变形菌门（Proteobacteria）（图5-6）。研究表明，厚壁菌门、拟杆菌门和变形菌门普遍存在于ATAD和AD体系中[11,12]。在对照组中厚壁菌门的相对丰度为26.7%，拟杆菌门的相对丰度为17.3%，变形菌门的相对丰度为32.2%。在嗜热菌预处理组中，三门微生物的相对丰度分别为26.4%、16.9%和29.7%。Piterina等[11]研究表明，在高温消化工艺系统中存在的微生物主要为高GC（鸟嘌呤+胞嘧啶）含量的微生物如放线菌门（Actinobacteria），低GC含量的革兰氏阳性菌如厚壁菌门，以及变形菌门，大多数变形菌门为革兰氏阴性菌。变形菌门在对照组的相对丰度比嗜热菌预处理组高2.5%，说明投加 Geobacillus sp. G1 可以有效地促进革兰氏阴性菌的溶解。

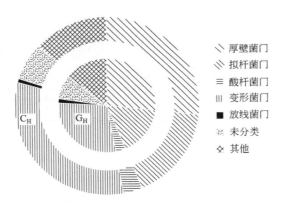

图5-6　对照组（C_H）和嗜热菌预处理组（G_H）在门水平上的微生物群落结构分析

纲水平上分析表明，高通量测序检测到11个纲，其中大部分微生物属于7个纲：α-变形菌纲（α-Proteobacteria）、β-变形菌纲（β-Proteobacteria）、γ-变形菌纲（γ-Proteobacteria）、梭状芽孢杆菌纲（Clostridia）、鞘脂杆菌纲（Sphingobacteria）、杆菌纲（Bacilli）和厌氧绳菌纲（Anaerolineae）[图5-7（a）]。α-变形菌纲、β-变形菌纲和γ-变形菌纲在对照组中相对丰度为30.8%，在嗜热菌预处理组中的相对丰度为28.4%。研究表明，在高温条件下，剩余污泥体系中嗜热水解菌的快速富集可以有效强化污泥的水解性能[13,14]。因此，投加嗜热菌导致微生物群落结构的显著变化，特别是耐热水解菌梭状芽孢杆菌纲相对丰度的显著增加，梭状芽孢杆菌纲在对照组中相对丰度为 9.75%，嗜热菌预处理组中的相对丰度达到 25.4%。而杆菌纲相对丰度减少，在对照组中相对丰度为 16.6%，在嗜热菌预处理组中的相对丰度仅为 0.7%，说明 *Geobacillus* sp. G1 在强化污泥水解的同时促进高温水解菌的富集。与此同时，在纲水平上未分类的细菌占总序列数的 12.6%（C_H）和 14.1%（G_H）。

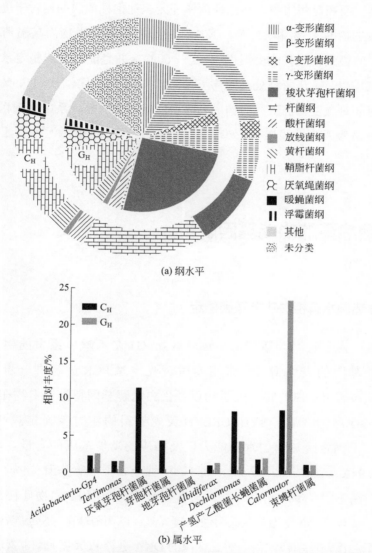

图 5-7 对照组（C_H）和嗜热菌预处理组（G_H）在纲和属水平上的微生物群落结构分析

在属水平上分析功能微生物群落结构特征表明［图 5-7（b）］，嗜热菌预处理组主要微生物包括喜热菌 *Caloramator* 和产氢产乙酸菌长蝇菌 *Levilinea*，其相对丰度分别为 23.4% 和 2.0%，比对照组分别增加了 14.8% 和 0.1%。研究表明，喜热菌属的部分微生物为嗜热蛋白水解菌，最低生长温度为 30℃，最适宜生长温度为 55℃，最高耐受温度为 68℃ [15]，因此，喜热菌属微生物能够迅速适应环境，成为水解体系中的主要微生物类群。而在对照组中，芽孢杆菌属和无氧芽孢杆菌属的相对丰度较高，占总微生物的 4.3% 和 11.4%。其中，芽孢杆菌属微生物为高温消化中普遍存在的微生物，其耐受温度为 50～60℃，并且能分泌热稳定水解酶如蛋白酶 [16,17]。嗜热菌预处理组中 *Geobacillus* 菌属的比例仅为 0.5%，说明外加菌剂对微生物群落属的构成有显著影响。在水解体系中比例相对稳定的微生物为束缚杆菌属（*Haliscomenobacter*），是剩余污泥菌胶团中的典型微生物 [18]。

5.2 嗜热菌的功能基因解析

5.2.1 嗜热菌水解相关功能基因确定

为了进一步确定 *Geobacillus* sp. G1 在水解体系中的生长状况和功能基因的表达情况，采用实时荧光定量 PCR 进行进一步分析。选择 *Geobacillus* 属的特异性引物以及蛋白水解基因特异性引物在纯菌体系中进行测定。基于 SYBRGREEN 荧光染料的实时荧光定量 PCR（qPCR）用于确定嗜热菌的水解能力以及相应的功能基因的含量。以细菌（16S rDNA）、*Geobacillus* sp.（geo）、中性金属蛋白酶基因（npr）和丝氨酸蛋白酶基因（sub）作为分析的典型基因 [19,20]，所用的引物见表 5-2。

以 E.coli 作为革兰氏阴性菌模式菌，以葡萄球菌（*Staphylococcus*）作为革兰氏阳性菌模式菌，对三株菌的 DNA 进行 PCR 扩增。扩增结果如图 5-8 所示。在 *Geobacillus* sp. G1 的总 DNA 中可以扩增到微生物 16S rDNA 的片段，同时克隆到 Geobacillus sp. 的 16S-23S rRNA 内部转录间隔区（ITS）部分的片段（geo），以及中性金属蛋白酶基因（npr）片段，但是不能扩增到丝氨酸蛋白酶基因（sub）片段。在 E.coli 和 Staphylococcus 的总 DNA 中仅能扩增到 16S rDNA 的片段，因此可以采用定量的方法分析纯培养体系中 Geobacillus sp. G1 的生长情况和参与水解的功能基因的表达情况。

表 5-2 荧光定量 PCR 引物

目标微生物基因	引物	序列（5'>3'）	T_m/℃	GC/%	扩增/bp
细菌（16S rDNA）（16s）	F: 1055f	ATGGCTGTCGTCAGCT	54.1	56.2	350
	R: 1392r	ACGGGCGGTGTGTAC	56.3	66.7	
Geobacillus sp.（geo）	F: GEO	TAAGCGTGAGGTCGGTGGTTC	61.9	57.1	483
	R: GEO	GCGCTCTCGGCTTCTTCCTT	61.9	60.0	
中性金属蛋白酶基因（npr）	F: npr Ⅰ	GTDGAYGCHCAYTAYTAYGC	57.1	48.3	336
	R: npr Ⅱ	ACMGCATGBGTYADYTCATG	56.8	47.5	
丝氨酸蛋白酶基因（sub）	F: sub Ⅰa	ATGSAYRTTRYYAAYATGAG	51.6	35.0	—
	R: sub Ⅱ	GWGWHGCCATNGAYGTWC	55.8	51.8	

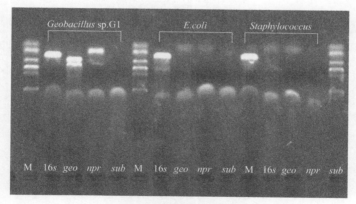

图 5-8 PCR 产物琼脂糖凝胶电泳分析

16s—微生物 16S rDNA；geo—Geobacillus sp.；npr—中性金属蛋白酶基因；sub—丝氨酸蛋白酶基因

根据以上扩增结果，绘制微生物 16S rDNA 的片段、Geobacillus sp. G1 的保守区域片段（geo），以及中性金属蛋白酶基因（npr）的荧光定量 PCR 标准曲线，结果如表 5-3 所列。

表 5-3 荧光定量 PCR 标准曲线

项目	定量范围 /(copies/μL)	斜率	R^2	扩增效率 /%	截距
16S rDNA	$1.3×(10^{22}\sim10^{29})$	$-3.003±0.135$	0.990	115.2	$18.905±0.053$
geo	$9.1×(10^{21}\sim10^{28})$	$-3.597±0.021$	0.991	89.7	$18.608±0.029$
npr	$2.4×(10^{22}\sim10^{29})$	$-3.867±0.014$	0.990	81.4	$21.507±0.037$

5.2.2 嗜热菌溶解革兰氏阴性菌性能分析

采用处于平台期生长的 E. coli 作为实验的模式菌株。模式菌的培养液分别在 5000r/min 下离心 10min 收集菌体，采用新鲜的缓冲液等体积重悬 [0.05mol/L Tris-HCl (pH 8.5)]。指数增长期（A_{600}=1.0～1.5）的嗜热菌 Geobacillus sp. G1 菌体的投加量为 10%（$V_{G1}:V_{WAS}$），嗜热菌在投加到溶菌体系中之前，10mL 的菌液在 5000r/min 下离心 10min，收集菌体。然后，100mL 的 E. coli 悬浮液与 Geobacillus sp. G1 菌体混合，混合菌液在 60℃条件下处理 24h。

实验结果表明，在处理时间达到 24h 时，对照组（C）的 E.coli 总生物量趋于稳定，说明尽管在高温条件下部分 E.coli 死亡，但是大部分微生物并没有被裂解（图 5-9）。E.coli 总生物量的起始拷贝数为 $(9.10±0.52)×10^{25}$ copies/ng DNA。处理 6h 后在接种 Geobacillus sp. G1

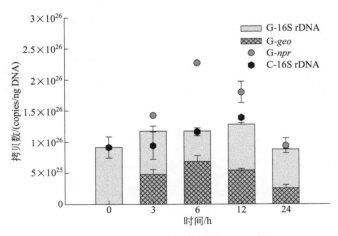

图 5-9 E. coli 体系的基因定量分析

的菌悬液中（G），总生物量达到最大值，为 $(1.17\pm0.01)\times10^{26}$ copies/ng DNA，Geobacillus sp. 的生物量为 $(6.76\pm0.10)\times10^{25}$ copies/ng DNA，此时，E.coli 的生物量约为 $(4.98\pm0.18)\times10^{25}$ copies/ng DNA，E.coli 生物量的减少量约为 6.61×10^{25} copies/ng DNA，E. coli 溶解率达到 72.6%。相应的中性金属蛋白酶基因的拷贝数达到 $(2.27\pm0.04)\times10^{26}$ copies/ng DNA。而对照组中总生物量为 $(1.16\pm0.06)\times10^{26}$ copies/ng DNA，显著高于投加嗜热菌组。由此可见，在投加嗜热菌 Geobacillus sp. G1 后，E.coli 生物量显著降低，产物作为底物被 Geobacillus sp. G1 生长代谢所利用。

5.2.3 嗜热菌溶解革兰氏阳性菌性能分析

采用处于平台期生长的 Staphylococcus 作为实验的模式菌株。模式菌的培养液分别以 5000r/min 离心 10min 收集菌体，采用新鲜的缓冲液等体积重悬 [0.05 mol/L Tris-HCl (pH 8.5)]。嗜热菌 Geobacillus sp. G1 菌体的处理方法参照 5.2.2 部分。100mL 的 Staphylococcus 悬浮液与 Geobacillus sp. G1 菌体混合，混合菌液在 60℃条件下处理 24h。

实验结果表明，Staphylococcus 溶解体系初始的总生物量为 $(4.62\pm0.36)\times10^{25}$ copies/ng DNA（图 5-10），处理 24h 后，对照组中的总生物量为 $(2.05\pm0.14)\times10^{25}$ copies/ng DNA，其自溶率接近 50%。投加组中，在 12h 时

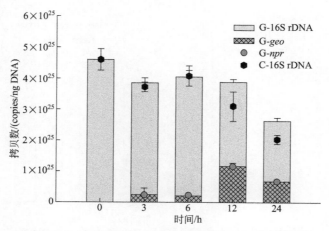

图 5-10 Staphylococcus 溶解体系的基因定量分析

达到溶解率最大值，其总生物量为 $(3.91\pm0.09)\times10^{25}$ copies/ng DNA，其中 *Geobacillus* sp. 的生物量为 $(1.16\pm0.11)\times10^{25}$ copies/ng DNA，*Staphylococcus* 的相对含量为 $(2.75\pm0.10)\times10^{25}$ copies/ng DNA，*Staphylococcus* 的溶解率达到 29.7%。而对照组在 12h 时，*Staphylococcus* 的相对含量为 $(3.71\pm0.03)\times10^{24}$ copies/ng DNA，溶解率仅为 6%。在 12h 时，相应的中性金属蛋白酶基因的拷贝数达到 $(1.14\pm0.02)\times10^{25}$ copies/ng DNA。

5.2.4 嗜热菌溶解混合菌系性能分析

由于污泥微生物中的主要种类为革兰氏阴性菌，且其含量在 70% 左右[21]，因此混合菌液体系采用 *E. coli* 与 *Staphylococcus* 的比例为 70%：30%，初始的生物量为 $(9.98\pm0.01)\times10^{28}$ copies/ng DNA（图 5-11）。随着处理时间的增加，对照组（C）的总生物量逐渐减少，在处理 24h 时达到最小值，为 $(6.10\pm0.03)\times10^{28}$ copies/ng DNA，其溶解率为 38.9%。在投加嗜热菌 *Geobacillus* sp. G1 的溶解体系中，处理 6h 时，*Geobacillus* sp. 的生物量达到最大值，为 $(2.82\pm1.01)\times10^{28}$ copies/ng DNA，而总生物量为 $(7.64\pm0.11)\times10^{28}$ copies/ng DNA，混合菌液中 *E.coli* 与 *Staphylococcus* 的生物量为 $(5.36\pm0.57)\times10^{28}$ copies/ng DNA，其溶解率为 46.3%，此时对照组的溶解率为 14.6%。投加 *Geobacillus* sp. G1 组的溶解率比对照组高 21.7%。

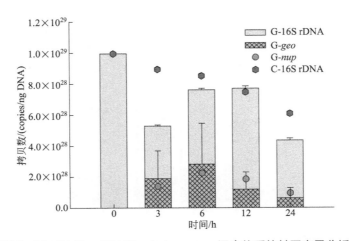

图 5-11　对 *E.coli* 和 *Staphylococcus* 混合体系的基因定量分析

在6h时，相应的中性金属蛋白酶基因（nup）的拷贝数为$(2.24\pm0.07)\times10^{28}$ copies/ng DNA。

嗜热菌 Geobacillus sp. G1 在单一菌种溶解体系中的作用效果显著高于混菌体系，在溶解 E.coli 体系中作用显著。对 E.coli 的溶解率是 Staphylococcus 溶解率的 4.17 倍。溶解过程中 Geobacillus sp. 和中性金属蛋白酶基因含量增加说明嗜热菌在纯培养体系中利用其他微生物溶解释放的胞内物质增长和繁殖。因此，采用实时荧光定量 PCR（qPCR）方法对微生物及相关功能基因进行定量分析，可以评价微生物水解性能[19,22]。

5.3 嗜热菌预处理对厌氧发酵产酸效能影响

5.3.1 溶解性有机物变化

预处理后的剩余污泥分别进行中温（35℃）和高温（55℃）厌氧发酵反应，其 SCOD 的变化趋势如图 5-12 所示。高温和中温厌氧发酵 SCOD 的变化趋势相同，在嗜热菌预处理组进行高温厌氧发酵的起始 24h，SCOD 的释放量显著增加，达到（3200±200）mg/L，在 96h 时达到最大值，为（4000±230）mg/L。中温厌氧发酵过程中，嗜热菌预处理组 SCOD 的浓度显著高于对照组，对照组在整个发酵过程中 SCOD 的释放量趋于稳定，96h 时 SCOD 的浓度达到最大值，分别为（2000±110）mg/L（对照组）和（3200±140）mg/L（嗜热菌预处理组）。其原因是在高温（55℃）条件下，污泥中难降解的有机物（微生物细胞）更易被降解，各种微生物胞内酶活性更高，难降解有机物的高能化学键在活性酶的作用下更易被打破，从而获得比中温条件下更高的有机物降解速率[23]。在此阶段，嗜热菌大量富集，外加菌剂优势减小，在发酵 72h 后丧失优势。而在中温厌氧发酵阶段，SCOD 的释放量在投加嗜热菌组中持续增加，其原因可能是水解阶段剩余污泥中微生物的死亡，导致中温厌氧发酵阶段水解速率高于微生物吸收利用的速率，从而，溶解性有机物的释放量较对照组有显著提高，较高温组低。

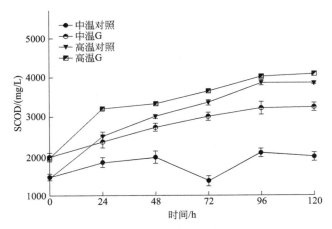

图 5-12　中温和高温条件下 SCOD 变化趋势

中温和高温条件下溶解性有机物的释放情况如图 5-13 所示。高温厌氧发酵碳水化合物的浓度是先降低后增高，而中温厌氧发酵碳水化合物的浓度持续降低[图 5-13（a）]。高温厌氧发酵中当发酵时间超过 96h 时，碳水化合物的释放量显著提高，在发酵的初始阶段，水解后碳水化合物的浓度均约为 200mg COD/L，在 96h 时达到最低值，约为 150mg COD/L，随后随着发酵时间的延长升高到约 200mg COD/L。在中温厌氧发酵组中，192h 时达到最低点，约为 100mg COD/L。

由图 5-13（b）可知，在高温厌氧发酵 24h 时污泥中蛋白质浓度达到最大，然后逐渐降低。在中温厌氧发酵过程中，溶解性蛋白质的浓度变化势几乎相同，在反应开始后 24h 均有增加，紧接着是一个逐渐消耗的过

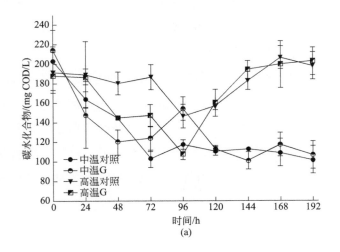

(a)

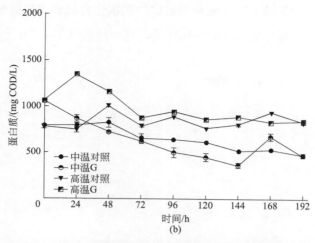

图 5-13　中温和高温条件下溶解性有机物的释放情况

程，高温厌氧发酵 24h 时的最大值为 (1348±25)mg COD/L（嗜热菌预处理组），是初始浓度的 1.3 倍。在中温厌氧酸化过程中，溶解性蛋白质浓度逐渐降低，为初始的 4/5。由此可见，在高温厌氧酸化过程中，由于高温水解菌的作用蛋白质得到了进一步的释放，高温条件下溶解性蛋白质的消耗率为 21%，而中温条件下为 56%，消耗比为 0.4∶1。在厌氧发酵结束时，中温条件更利于蛋白质的利用。

5.3.2　短链脂肪酸产量及组分分析

如图 5-14 所示，高温厌氧发酵的对照组和嗜热菌预处理组的产酸量没有显著性差异，并且与中温厌氧发酵中嗜热菌预处理组的产酸量结果相似。说明在高温条件下促进有机物水解的同时并不能进一步促进微生物的酸化作用。在高温厌氧发酵过程的初始阶段，短链脂肪酸（SCFAs）产量显著增加，在 96h 时获得最大值，为 (2819±50)mg COD/L（对照组）和 (2960±30)mg COD/L（嗜热菌预处理组）。在投加嗜热菌 *Geobacillus* sp. G1 水解剩余污泥后中温厌氧发酵过程的 96h 获得的最大短链脂肪酸积累量为 (2560±100)mg COD/L，而对照组仅为 (1320±90)mg COD/L。其产酸量是对照组的 2 倍，与高温厌氧发酵组的积累量几乎相等。在发酵的后期，产酸量接近稳定，通过上述溶解性碳水化合物和溶解性蛋白质的消耗情况分析说明微生物优先利用溶解性碳水化合物合成短链脂肪酸,但是主要来源于溶解性蛋白质的酸化作用,这一研究结果与Lu等的一致[24]。

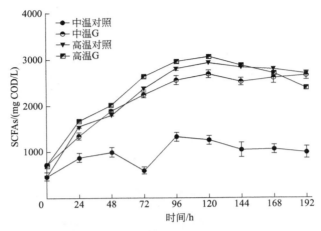

图 5-14　中温和高温条件下 SCFAs 变化

由于产酸菌包括发酵细菌和产氢产乙酸菌两类微生物,这两类微生物生长速率快,世代时间短,对最适生长环境的要求相似:在低温段(20～35℃)和 pH 值 5.5～7.0 的条件下生长最佳,对环境条件的变化不敏感[23,25]。在中温条件下产酸菌迅速增长,短链脂肪酸的积累量在 96h 达到最大值。而 55℃ 并不是产酸菌的最佳生长温度,但是由于难降解有机物的迅速水解,酸化过程中的底物迅速增加,使存活的发酵菌和产酸菌的降解活性相继提高,其中可降解的有机物得以迅速酸化。

图 5-15 为不同预处理和发酵条件下短链脂肪酸组分随发酵时间的变化规律。从整个发酵过程中短链脂肪酸组分的变化规律来看,在中温或高温厌氧发酵过程中,乙酸(HAc)是短链脂肪酸的主要组成成分,丁酸(HBu)和戊酸(HVa)的产量相似,而丙酸(HPr)产量最低。在高温厌氧发酵过程中乙酸的产量高于中温厌氧发酵,而丁酸、戊酸以及丙酸的产量在中温和高温厌氧发酵过程中没有显著的差别。乙酸的含量占总短链脂肪酸产量的 50% 左右。在高温条件下处理 96h 时,乙酸含量的最大值为 (1520±50)mg COD/L(对照组)和 (1550±30)mg COD/L(嗜热菌预处理组)。在中温条件下处理 96h 时,乙酸含量的最大值为 (450±20)mg COD/L(对照组)和 (1290±40)mg COD/L(嗜热菌预处理组)。而在高温厌氧

发酵 96h 时，丙酸含量为 (300±40)mg COD/L（对照组）和 (320±20)mg COD/L（嗜热菌预处理组），丁酸含量为 (623±50)mg COD/L（对照组）和 (420±25)mg COD/L（嗜热菌预处理组），戊酸含量的最大值为 (580±30)mg COD/L（对照组）和 (660±30)mg COD/L（嗜热菌预处理组）。在中温厌氧发酵条件下，丙酸含量的最大值为 (403±20)mg COD/L（对照组）和 (330±30)mg COD/L（嗜热菌预处理组），丁酸含量的最大值为 (300±45)mg COD/L（对照组）和 (585±40)mg COD/L（嗜热菌预处理组），戊酸含量的最大值为 (290±15)mg COD/L（对照组）和 (545±20)mg COD/L（嗜热菌预处理组）。

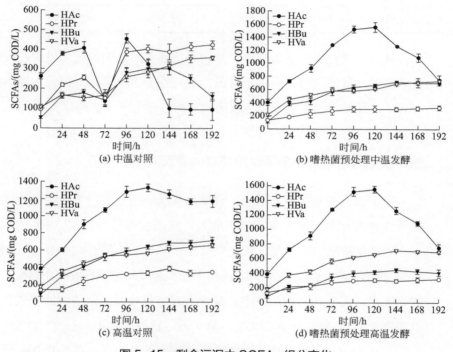

图 5-15 剩余污泥中 SCFAs 组分变化

通过短链脂肪酸组分分析及各实验组乙酸增长期线性增长函数（表 5-4）可以看出，嗜热菌预处理使得四种短链脂肪酸均有不同程度的增加，并且嗜热菌预处理后乙酸的增长速率远大于对照组。在中温厌氧发酵过程中乙酸和丁酸增加程度最大，占总酸含量的 60.5% 和 22.9%（嗜热菌预处理组），而对照组为 34.1% 和 22.7%；在高温厌氧发酵过程中乙酸和戊酸增加程度最大，占总酸含量的 52.4% 和 22.3%（嗜热菌预处理组），而对照组为 53.9% 和 20.6%。Jie 等[26]发现中温碱性条件下投加耐碱菌后在发酵的第 9 天达到最大值，其中乙酸含量为 50.6%。显然预处理方法及后续酸化条件均能影响产物的组成，而中温厌氧发酵利于乙酸的积累。

表 5-4　各试验组乙酸增长期线性增长函数

条件	拟合曲线	R^2	F 值	P 值
中温对照	$R = 270.17 + 4.47t - 0.03t^2$ （$t \leq 48h$）	0.9762	20.4916	0.049
高温对照	$R = 339.73 + 15.52t - 0.06t^2$ （$t \leq 120h$）	0.9356	43.5579	0.0003
中温 G	$R = 357.37 + 13.89t - 0.05t^2$ （$t \leq 120h$）	0.9777	131.28	<0.0001
高温 G	$R = 310.18 + 20.87t - 0.10t^2$ （$t \leq 120h$）	0.9414	48.23	0.0002

从发酵过程中短链脂肪酸产量和经济学考虑，中温厌氧发酵在保证短链脂肪酸产量的同时，更利于降低能耗，益于工程应用，因此，在后续的研究中，预处理结束后采用中温厌氧发酵进行进一步的酸化反应。

5.3.3　生物预处理方法对剩余污泥短链脂肪酸积累比较分析

基于以上研究结果，进一步对嗜热菌预处理剩余污泥的酸化性能与其他研究结果比较分析，如表 5-5 所列。在高温碱性（55℃，pH 10）条件下，短链脂肪酸的积累量达到 209.5mg/(g VS·L·d)（约为 2095mg COD/L），乙酸含量为 36.6%[26]。中温碱性条件下投加耐碱菌可以有效提高剩余污泥的酸化效率，采用 HIT-01 和 HIT-02 联合处理可以使短链脂肪酸的积累量在发酵的第 4 天达到 2150mg COD/L，第 9 天达到最大值 3139mg COD/L，其中乙酸含量为 50.6%[27]。但是，65℃微氧条件下投加嗜热菌处理 24h 后，中温厌氧发酵短链脂肪酸的积累量在第 5 天达到最大值 2000mg/L[28]。本研究中 60℃条件下采用嗜热菌 Geobacillus sp. G1 处理剩余污泥 6h 后，中温厌氧发酵第 4 天获得短链脂肪酸最大积累量，达到 (2560±100)mg COD/L，乙酸含量为 60.5%。通过研究比较发现，本研究采用的嗜热菌 Geobacillus sp. G1 的投加可以有效地缩短预处理时间，同时促进后续短链脂肪酸的积累，乙酸的积累量显著提高，这对污泥能源化过程意义重大[29]。

表5-5 已报道的生物预处理方法对剩余污泥产短链脂肪酸效能比较

处理方法	短链脂肪酸积累量	乙酸比例	参考文献
连续流 55℃，pH 10，SRT（污泥龄）8d	209.5mg/(g VS·L·d)	36.6%	[26]
序批式 *Bacillus* sp. HIT-01 (3.5%) 30℃，pH 10	1880mg COD/L (4d) 2696.05mg COD/L (11d)	—	[27]
序批式 *Bacillus* sp. HIT-02 (3.5%) 30℃，pH 10	1780mg COD/L (4d) 2490mg COD/L (9d)	—	[27]
序批式 *Bacillus* sp. HIT-01 (1.75%) + *Bacillus* sp. HIT-02 (1.75%) 30℃，pH 10	2150mg COD/L (4d) 3139mg COD/L (9d)	50.6%	[27]
序批式 *Bacillus* sp. SPT 2-1 65℃，0.08 vvm，24h，37℃ 发酵	2000mg/L (5d)	—	[28]
序批式 *Geobacillus* sp. G1	(2560±100)mg COD/L (4d)	60.5%	—

如上所述，嗜热菌预处理方法可有效促进挥发酸中乙酸积累，该结果进一步展现了本研究所采用的预处理方法在实现剩余污泥厌氧发酵产能工艺研究中的优势。在剩余污泥发酵液作为底物进行微生物电解产氢的过程中，不同短链脂肪酸碳源的转化效率符合一级动力学转化规律，转化速率系数为乙酸 341.32mg COD/d (R^2=0.97)，丙酸 147.99mg COD/d (R^2=0.99)，正丁酸（*n*-HBu）68.94mg COD/d (R^2=0.91)，异丁酸（*iso*-HBu）36.09mg COD/d (R^2=0.97)，正戊酸（*n*-HVa）53.44mg COD/d (R^2=0.99)，异戊酸（*iso*-HVa）47.86mg COD/d (R^2=0.96)。可见，各组分的利用规律为乙酸＞丙酸＞正丁酸＞正戊酸＞异戊酸＞异丁酸。嗜热菌 *Geobacillus* sp. G1 的投加在促进小分子挥发酸积累方面具有应用优势和潜力，这对污泥能源回收工艺具有积极借鉴意义。

5.3.4 微生物群落结构分析

（1）群落丰度和多样性分析

对中温发酵过程中嗜热菌预处理的样品进行高通量测序分析（表5-6），

获得有效的用于分析的优化序列为 26248～24459，平均长度在 360bp 以上。以 3% 的差异性划分（相似性 >97%），可划分为对照组（C_F）2670 个 OTUs，嗜热菌预处理组（G_F）具有 2630 个 OTUs。当测序数量接近 30000 时，嗜热菌预处理组的微生物种类明显下降。Chao1 估计的理论最大 OTU 数为 6246（C_F）和 5491（G_F）（图 5-16），说明对照组的微生物群落比嗜热菌预处理组群落具有更高的物种丰度。Shannon 指数分析结果表明，对照组的生物多样性较低（Shannon 指数 =5.05），而嗜热菌预处理组较高（Shannon 指数 =5.08），差异不显著。说明在水解阶段嗜热菌 *Geobacillus* sp. G1 对微生物群落结构的影响导致厌氧阶段微生物群落结构具有显著的差异性。

表 5-6　发酵过程高通量测序结果

项目	C_F	G_F	项目	C_F	G_F
序列数	26248	24459	Chao1 丰富度	6246	5491
OTUs[①]	2670	2630	Shannon 指数	5.05	5.08
ACE 丰富度	8860	7818			

注：C_F—对照组；G_F—10% 嗜热菌 *Geobacillus* sp. G1 预处理组。
① 3% 的差异性。

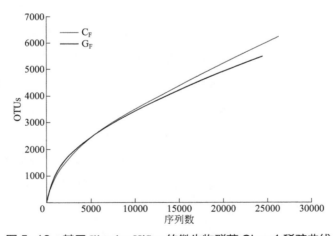

图 5-16　基于 Illumina HiSeq 的微生物群落 Chao1 稀疏曲线

（2）群发育系统分类

发酵微生物群中主要包括厚壁菌门、拟杆菌门、变形菌门和放线菌门四个门（图 5-17）。

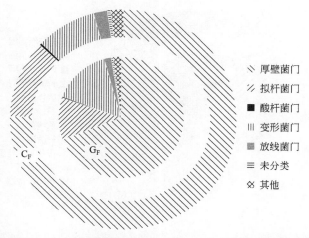

图 5-17 对照组（C_F）和嗜热菌预处理组（G_F）在门水平上的微生物群落结构分析

其中厚壁菌门、拟杆菌门和变形菌门相对丰度达到 95.7%（C_F）和 95.6%（G_F）。在对照组中，厚壁菌门占总微生物量的 75.4%，拟杆菌门的相对丰度为 11.4%，变形菌门的相对丰度为 8.6%；而在嗜热菌预处理组中，厚壁菌门占总微生物量的 69.1%，拟杆菌门的相对丰度为 11.2%，变形菌门的相对丰度为 15.1%。其中，在嗜热菌预处理组中厚壁菌门的相对丰度比对照组减少了 6.3%，而变形菌门的相对丰度比对照组增加了 6.5%。拟杆菌门相对丰度相似，研究表明拟杆菌门主要参与乙酸和丙酸的积累[18]。

从纲水平上分析，发酵样品中检测到的微生物群落可以分为 50 个纲，其中占主要地位的为 11 个纲，主要为 α- 变形菌纲、β- 变形菌纲、γ- 变形菌纲、梭状芽孢杆菌纲、鞘脂杆菌纲、杆菌纲（Bacilli）和拟杆菌纲（Bacteroidia）7 个纲 ［图 5-18（a）］。在对照组中，α- 变形菌纲、β- 变形菌纲和 γ- 变形菌纲占所有微生物含量的 8.4%，在投加嗜热菌 Geobacillus sp. G1 组中相对丰度为 14.7%，增加了 6.3%。梭状芽孢杆菌纲在对照组中相对丰度为 73.3%，投加嗜热菌组中相对丰度为 66.9%，减少了 6.4%。拟杆菌纲在对照组中相对丰度为 6.9%，在投加嗜热菌 Geobacillus sp. G1 组中相对丰度为 8.7%，增加了 1.8%。其中，梭状芽孢杆菌纲和拟杆菌纲是普遍存在于厌氧发酵过程中的微生物种类，主要参与剩余污泥中固体成分的分解和有机酸的积累[30]。其中副拟杆菌属（Parabacteroides）通常与丙酸的积累相关[31]。

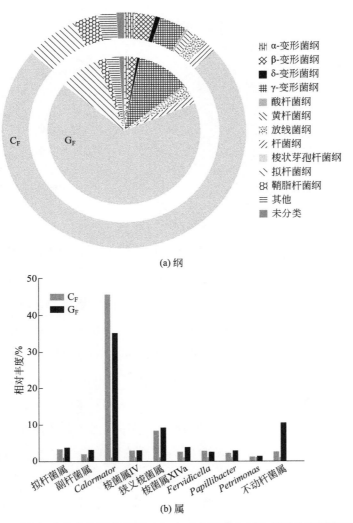

图 5-18 对照组（C_F）和嗜热菌组（G_F）在纲和属水平上的微生物群落结构分析

从属水平上分析表明[图 5-18（b）]，嗜热菌预处理组中主要的微生物为水解菌和酸化菌，如 *Calormator*、梭菌属和不动杆菌属（*Acinetobacter*）。*Calormator* 为高温水解菌，在嗜热菌预处理组中的相对丰度为 34.8%，比对照组低 10.5%。梭菌属在嗜热菌预处理组中的相对丰度为 15.4%，比对照组高 2.2%。不动杆菌属在嗜热菌预处理组中的相对丰度为 10.3%，比对照组高 7.9%。其原因可能是梭菌属微生物在逆境中形成代谢休眠的孢子体，在厌氧发酵过程中主要参与蛋白质和氨基酸的水解[26,32]。而放线菌纲（*Actinobacteria*）的不动杆菌属微生物只存在于中温厌氧反应器中[14,33,34]。

5.4 嗜热菌对剩余污泥微生物群落结构演替的影响

5.4.1 微生物群落差异性分析

层序聚类用于水解（C_H 和 G_H）和发酵剩余污泥（C_F 和 G_F）样品的微生物群落结构的差异性分析（图 5-19，彩图见书后），y 轴有 300 个序列对的丰度，采用最长距离法进行聚类分析。如图 5-19，微生物群落分为水解分支（C_H 和 G_H）和发酵分支（C_F 和 G_F），说明尽管都是来源于剩余污泥，但是水解和发酵过程的定向富集作用形成完全不同的微生物群落，并且水解和发酵两个阶段微生物的群落结构存在较大差异性。

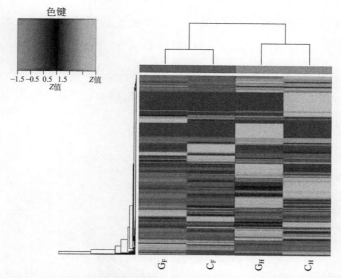

图 5-19　基于 Illumina HiSeq 的水解和发酵的剩余污泥微生物群落层序聚类分析

主成分分析（PCA）得到了相同的结论（图 5-20），主成分 1 解释了 23.7% 群落变量信息，主成分 2 解释了 55.1% 群落变量信息，两个水解样品虽然有一定差异性，但是聚类到一起，和发酵样品的微生物群落有较大差异。两个发酵样品间的差异性较大，可能是由于嗜热菌 *Geobacillus* sp. G1 的水解作用对后续发酵过程的群落结构产生了一定影响，导致发酵阶段的两个样品间微生物群落结构差异性显著。

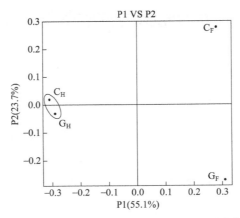

图 5-20　基于 Illumina HiSeq 的水解和发酵的剩余污泥微生物群落主成分分析

如图 5-21 所示，四个群落中微生物群落的总 OTU 数为 2888，其中共有 OTUs 数为 425，为总 OTU 数的 14.7%。在共有 OTU 中 52.5% 属于变形菌门，17.9% 属于厚壁菌门，10.8% 属于拟杆菌门。水解过程中 C_H 和 G_H 共有 OTU 数为 796，占总 OTU 数的 27.6%，发酵过程中 C_F 和 G_F 共有 OTU 数占总 OTU 数的 28.1%。C_H 独有的 OTU 数为 367，G_H 独有的 OTU 数为 306，C_F 独有的 OTU 数为 446，G_F 独有的 OTU 数为 404，这些独有的 OTU 的总和占总 OTU 数的 52.7%。

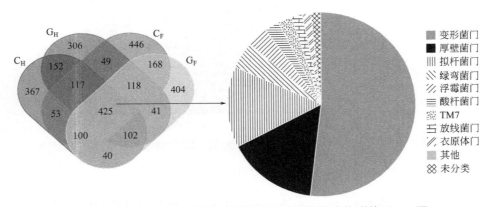

图 5-21　基于 OTUs 的水解和发酵的剩余污泥微生物群落 Venn 图

5.4.2　微生物群落结构演替

剩余污泥水解阶段和发酵阶段微生物群落多样性有显著的差异性，如

图 5-22 所示。在发酵阶段，对微生物的定向选择作用更为显著。水解阶段主要由厚壁菌门、拟杆菌门、变形菌门和酸杆菌门四个门的微生物组成[图 5-22（a）]，微生物群落主要以水解菌为主，特别是耐热水解菌厚壁菌门梭状芽孢杆菌纲的耐热水解菌相对丰度显著增加。水解阶段，梭状芽孢杆菌纲在对照组中所占比例为 9.75%，而在嗜热菌预处理组中的比例达到 25.4%[图 5-22（b）]。其中以革兰氏阴性菌为主体的变形菌门的微生物在对照组的相对丰度比嗜热菌预处理组高 2.5%。在嗜热菌预处理组中蛋白水解菌梭状芽孢杆菌纲的 *Caloramator* 在水解阶段起水解溶解性有机物的作用，而对照组中则是以杆菌纲的芽孢杆菌属和厌氧芽孢杆菌属的微生物及梭状芽孢杆菌纲的 *Caloramator* 属的微生物为主[图 5-22（c）]。

在发酵阶段，微生物群落结构发生显著变化[图 5-22（a）]，其中厚壁菌门、拟杆菌门、变形菌门和放线菌门四个门的微生物所占比例发生显著变化，厚壁菌门的微生物的相对丰度显著增加，由水解阶段的 26%～27% 增加到 69%～76%，变形菌门的微生物的比例由水解阶段的 29%～33% 减少到 8%～15%，其中 β-变形菌纲微生物主要参与剩余污泥的消化作用[34][图 5-22（b）]。拟杆菌门的拟杆菌纲微生物和厚壁菌门的梭状芽孢杆菌纲微生物是普遍存在于厌氧发酵过程中的微生物类群，主要参与剩余污泥中固体成分的分解和有机酸的积累[30]。梭状芽孢杆菌纲的微生物由水解阶段的 9%～25% 增加到 66%～74%，但是其中属的组成由原来的嗜热水解菌逐渐转变为中温水解菌和酸化菌[图 5-22（c）]，*Caloramator* 属微生物的相对丰度迅速降低，而梭菌属微生物的相对丰度迅速增加。而副杆菌属通常与丙酸的积累密切相关[31]。整体上，微生物群落结构由原来的以高温水解菌为主体的群落结构特征逐渐转变为中温水解和酸化共同作用的微生物群落结构。

5.4.3 关键功能基因分析

采用 qPCR 进一步对水解阶段和发酵阶段污泥中总的微生物量和 *Geobacillus* 属生物量的变化，及蛋白酶基因的表达情况进行分析，方法参考 5.2.1 部分。由图 5-23 可知，在起始阶段，对照组（C_0）中样品的总生

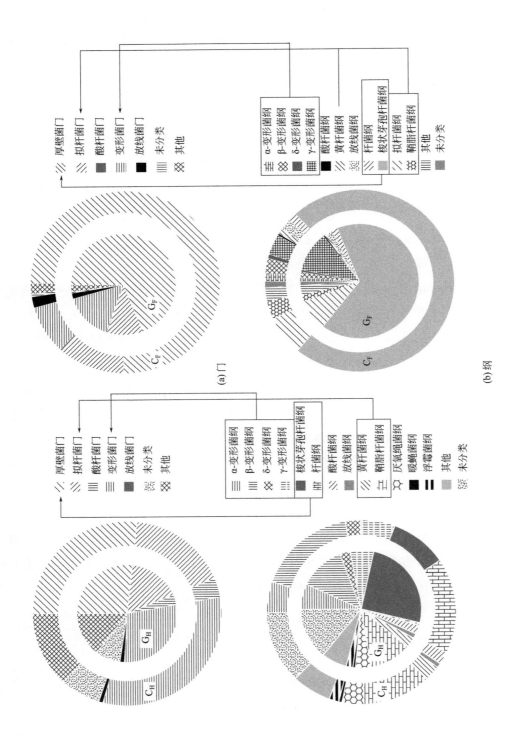

102 污泥处理生物强化技术

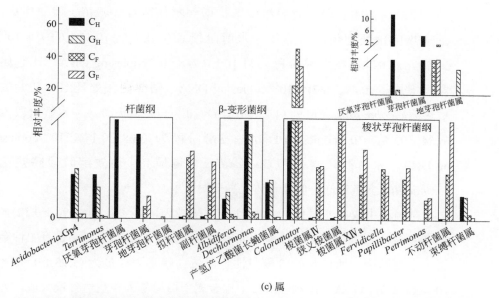

(c) 属

图 5-22 水解和发酵的剩余污泥微生物序列在门（a）、纲（b）和属（c）水平上的分布

物量为 $(1.40\pm0.02)\times10^{25}$ copies/ng DNA，在嗜热菌预处理组（G_0）中总生物量为 $(1.2\pm0.04)\times10^{25}$ copies/ng DNA。对照组和嗜热菌预处理组在总生物量上无显著区别。然而在整个水解酸化过程中，对照组的总生物量高于嗜热菌预处理组的生物量。对照组的总生物量从 $(1.40\pm0.02)\times10^{25}$ copies/ng DNA 增加到 $(1.17\pm0.01)\times10^{25}$ copies/ng DNA，嗜热菌预处理组总生物量从 $(1.20\pm0.04)\times10^{25}$ copies/ng DNA 降低到 $(0.79\pm0.03)\times10^{25}$ copies/ng DNA。

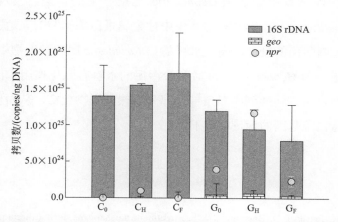

图 5-23 基于荧光定量 PCR 对水解和发酵的剩余污泥微生物相关基因定量分析

同时，初始阶段，对照组中未扩增到嗜热菌 *Geobacillus* 保守序列，在嗜热菌预处理组，嗜热菌在水解阶段总生物量为 $(9.61\pm0.07)\times10^{22}$ copies/ng DNA，在发酵阶段为 $(1.10\pm0.7)\times10^{23}$ copies/ng DNA，比起始含量增加了 $(0.49\pm0.7)\times10^{23}$ copies/ng DNA。嗜热菌预处理组中初始的嗜热菌 *Geobacillus* 含量为 $(4.77\pm0.15)\times10^{23}$ copies/ng DNA，水解阶段为 $(6.54\pm0.46)\times10^{23}$ copies/ng DNA，发酵阶段为 $(3.08\pm0.17)\times10^{23}$ copies/ng DNA，水解阶段嗜热菌 *Geobacillus* 含量最高，而发酵阶段嗜热菌 *Geobacillus* 含量最低，但是总体上高于对照组。

对照组中仅在水解阶段检测到蛋白酶基因，其含量为 $(9.94\pm0.12)\times10^{23}$ copies/ng DNA。在嗜热菌预处理组中，由于投加的嗜热菌带有中性金属蛋白酶基因，所以初始阶段中性金属蛋白酶基因含量为 $(3.95\pm0.50)\times10^{24}$ copies/ng DNA，在水解阶段中性金属蛋白酶基因含量达到最大值，为 $(11.69\pm0.04)\times10^{24}$ copies/ng DNA，比初始阶段高约 7.74×10^{24} copies/ng DNA，在发酵阶段其含量达到 $(2.42\pm0.72)\times10^{24}$ copies/ng DNA，比对照阶段减少约 1.53×10^{23} copies/ng DNA。但是整个过程中并未检测到丝氨酸蛋白酶基因。

qPCR 分析结果表明，中性金属蛋白酶基因含量受嗜热菌 *Geobacillus* sp. G1 的影响显著，呈正相关性。通过对比对照组和嗜热菌预处理组中的 *Geobacillus* 和中性金属蛋白酶基因的拷贝数，并去除荧光定量 PCR 对剩余污泥体系中嗜热菌 *Geobacillus* 定量产生的误差，发现投加嗜热菌 *Geobacillus* sp. G1 对水解体系中中性金属蛋白酶基因的表达影响显著，并且由于嗜热菌的投加，高温水解菌 *Caloramator* 属的微生物相对比例增加，说明嗜热菌 *Geobacillus* sp. 对剩余污泥的水解有强化作用。而在进入发酵阶段后，由于转换到中温条件，部分嗜热微生物死亡，从而使相关的中性金属蛋白酶基因的含量相对下降。

参考文献

[1] Ge H, Jensen P D, Batstone D J. Pre-treatment mechanisms during thermophilic–mesophilic temperature phased anaerobic digestion of primary sludge[J]. Water Research, 2010, 44(1):123-130.

[2] Climent M, Ferrer I, Baeza M d M, et al. Effects of thermal and mechanical pretreatments of secondary

sludge on biogas production under thermophilic conditions[J]. Chemical Engineering Journal, 2007, 133(1-3):335-342.

[3] He S B, Xue G, Wang B Z. Activated sludge ozonation to reduce sludge production in membrane bioreactor (MBR)[J]. Journal of Hazardous Materials, 2006, 135(1-3):406-411.

[4] Yan S, Miyanaga K, Xing X H, et al. Succession of bacterial community and enzymatic activities of activated sludge by heat-treatment for reduction of excess sludge[J]. Biochemical Engineering Journal, 2008, 39(3):598-603.

[5] 杨永林, 李小明, 郭亮, 等. 接种嗜热菌对剩余污泥的溶解效果研究[J]. 中国给排水, 2009, 25(17):5-9.

[6] Fontvieille D A, Outaguerouine A, Thevenot D R. Fluorescein diacetate hydrolysis as a measure of microbial activity in aquatic systems—application to activated sludges[J]. Environmental Technology, 1992, 13(6):531-540.

[7] Sanchez-Monedero M A, Mondini C, Cayuela M L, et al. Fluorescein diacetate hydrolysis, respiration and microbial biomass in freshly amended soils[J]. Biology and Fertility of Soils, 2008, 44(6):885-890.

[8] Liu S, Zhu N, Li L Y, et al. Isolation, identification and utilization of thermophilic strains in aerobic digestion of sewage sludge[J]. Water Research, 2011, 45(18):5959-5968.

[9] Van Loosdrecht M C M, Henze M. Maintenance, endogeneous respiration, lysis, decay and predation[J]. Water Science & Technology, 1999, 39(1):107-117.

[10] 路璐. 生物质微生物电解池强化产氢及阳极群落结构环境响应[D]. 哈尔滨: 哈尔滨工业大学, 2012.

[11] Piterina A V, Bartlett J, Pembroke T J. Evaluation of the removal of indicator bacteria from domestic sludge processed by autothermal thermophilic aerobic digestion (ATAD)[J]. International Journal of Environmental Research and Public Health, 2010, 7(9):3422-3441.

[12] Nelson M C, Morrison M, Yu Z. A meta-analysis of the microbial diversity observed in anaerobic digesters[J]. Bioresource Technology, 2011, 102(4):3730-3739.

[13] Hery M, Sanguin H, Perez Fabiel S, et al. Monitoring of bacterial communities during low temperature thermal treatment of activated sludge combining DNA phylochip and respirometry techniques[J]. Water Research, 2010, 44(20):6133-6143.

[14] Hernon F, Forbes C, Colleran E. Identification of mesophilic and thermophilic fermentative species in anaerobic granular sludge[J]. Water Science & Technology, 2006, 54(2):19-24.

[15] Tarlera S, Muxí L, Soubes M, et al. *Caloramator proteoclasticus* sp nov, a new moderately thermophilic anaerobic proteolytic bacterium[J]. International Journal of Systematic Bacteriology, 1997, 47(3):651-656.

[16] Juteau P, Tremblay D, Villemur R, et al. Analysis of the bacterial community inhabiting an aerobic thermophilic sequencing batch reactor (AT-SBR) treating swine waste[J]. Applied Microbiology and Biotechnology, 2004, 66(1):115-122.

[17] Kim Y K, Bae J H, Oh B K, et al. Enhancement of proteolytic enzyme activity excrted from *Bacillus stearothermophilus* for a thermophilic aerobic digestion process[J]. Bioresource Technology, 2002, 82:157-164.

[18] Van Veen W L, Van Der Kooij D, Geuze E C, et al. Investigations on the sheathed bacterium *Haliscomenobacter* hydrossis gen n, sp n, isolated from activated sludge[J]. Antonie Van

Leeuwenhoek, 1973, 39(1):207-216.

[19] Bach H J, Hartmann A, Schloter M, et al. PCR primers and functional probes for amplification and detection of bacterial genes for extracellular peptidases in single strains and in soil[J]. Journal of Microbiological Methods, 2001, 44(2):173-182.

[20] Kuisiene N, Raugalas J, Stuknyte M, et al. Identification of the genus *Geobacillus* using genus-specific primers, based on the16S-23SrRNA gene internal transcribed spacer[J]. FEMS Microbiology Letters, 2007, 277(2):165-172.

[21] Jang H M, Cho H U, Park S K, et al. Influence of thermophilic aerobic digestion as a sludge pre-treatment and solids retention time of mesophilic anaerobic digestion on the methane production, sludge digestion and microbial communities in a sequential digestion process[J]. Water Research, 2014, 48:1-14.

[22] 李科. 剩余污泥高温-中温两相厌氧消化试验研究 [D]. 绵阳：中国工程物理研究院, 2007.

[23] Lu L, Xing D, Liu B, et al. Enhanced hydrogen production from waste activated sludge by cascade utilization of organic matter in microbial electrolysis cells[J]. Water Research, 2012, 46:1015-1026.

[24] 徐荣险，黄少斌，严丰，等. 城市污水污泥高温好氧/中温厌氧两级消化研究 [J]. 环境污染与防治, 2010, 32(6):42-46.

[25] Li X, Peng Y, Ren N, et al. Effect of temperature on short chain fatty acids (SCFAs) accumulation and microbiological transformation in sludge alkaline fermentation with $Ca(OH)_2$ adjustment[J]. Water Research, 2014, 61:34-45.

[26] Jie W, Peng Y, Ren N, et al. Utilization of alkali-tolerant stains in fermentation of excess sludge[J]. Bioresource Technology, 2014, 157:52-59.

[27] Hasegawa S, Shiota N, Katsura K, et al. Solubilization of organic sludge by thermophilic aerobic bacteria as a pretreatment for anaerobic digestion[J]. Water Science & Technology, 2000, 41(3):163-169.

[28] Wang L, Liu W, Kang L, et al. Enhanced biohydrogen production from waste activated sludge in combined strategy of chemical pretreatment and microbial electrolysis[J]. International Journal of Hydrogen Energy, 2014, 39(23):11913-11919.

[29] Wong M T, Zhang D, Li J, et al. Towards a metagenomic understanding on enhanced biomethane production from waste activated sludge after pH 10 pretreatment[J]. Biotechnology for Biofuels, 2013, 6(1):38.

[30] Tan H Q, Li T T, Zhu C, et al. *Parabacteroides* chartae sp nov, an obligately anaerobic species from wastewater of a paper mill[J]. International Journal of Systematic and Evolutionary Microbiology, 2012, 62(11):2613-2617.

[31] Tarlera S, Stams A J M. Degradation of proteins and amino acids by Caloramator proteoclasticus in pure culture and in coculture with Methanobacterium thermoformicicum Z245[J]. Applied Microbiology and Biotechnology, 1999, 53(1):133-138.

[32] Leven L, Eriksson A R, Schnurer A. Effect of process temperature on bacterial and archaeal communities in two methanogenic bioreactors treating organic household waste[J]. FEMS Microbiology Ecology, 2007, 59(3):683-693.

[33] 唐晓荣，张光明，刘亚利，等. 碱调理超声破解污泥产酸及生物群落研究 [J]. 中国给排水, 2013, 29(7):89-92.

[34] Xu D, Chen H, Li X, et al. Enhanced biological nutrient removal in sequencing batch reactors operated as static/oxic/anoxic (SOA) process[J]. Bioresource Technology, 2013, 143:204-211.

▶▶ 第**6**章

物化法强化嗜热菌预处理及短链脂肪酸积累与功能微生物关联机制

剩余污泥是由多种细菌细胞和胞外聚合物构成的生物絮凝体，并且细菌细胞被胞外聚合物连接、包裹形成聚合网状结构[1]，对嗜热菌溶解微生物细胞产生一定的阻遏作用。基于不同预处理方法的优势，考察联合物化强化剩余污泥微生物细胞溶解的效果，分析嗜热菌联合不同预处理方法对胞外聚合物的剥离作用，及对微生物细胞的溶解作用，并解析发酵产物和功能微生物关联机制。

在传统的化学预处理方法中，碱处理条件以 pH 10 的应用较为广泛，其优势在于在保证提高剩余污泥水解速率的前提下，提升短链脂肪酸的积累量，并抑制产甲烷菌的活性[2]。在机械预处理方法中，超声应用较为广泛，其优势在于促进污泥絮凝体的瓦解，从而提高污泥的可降解性，提高产气率和能量回收效率，但是剩余污泥体系中溶解性有机物的增加并非来源于细胞膜的破碎，而是由剩余污泥絮凝体的瓦解和胞外聚合物的水解作用产生[3]。在物理预处理方法中，根据北方特有的气候特征，即 11 月和次年 3 月气温低于 0℃，可采用冻融预处理对剩余污泥进行处理[4]。冻融预处理的优势是可以强化剩余污泥的脱水性能和污泥絮凝体的瓦解[5]。当温度低于 –10℃时，细胞内形成晶体结构，对微生物的细胞膜造成损伤，剩余污泥的 TCOD 和 VS 的去除率可以达到 10% 以上[6]。

基于以上预处理方法和嗜热菌 *Geobacillus* sp. G1 预处理剩余污泥的优势，以实现剩余污泥的快速水解为主要目标，通过物化或机械预处理方法与嗜热菌联合的预处理方法强化污泥的水解作用，分析液相中可溶性有机物组成情况及对剩余污泥微生物群落结构的影响，同时解析联合预处理对剩余污泥的发酵产物及功能微生物的影响。

6.1 嗜热菌与其他预处理方法对剩余污泥水解酸化性能影响

6.1.1 预处理后溶解性有机物分析

不同预处理与嗜热菌 *Geobacillus* sp. G1 处理方法对剩余污泥（VSS=10g/L）溶解性有机物的释放情况如图 6-1 所示，采用 60℃预处理作为对照组（C）。不同预处理方法对于溶解性碳水化合物的释放无显著性差异，但是对溶解性蛋白质的释放有显著性差异。采用嗜热菌 *Geobacillus* sp. G1（G）和超声预处理（U）（40kHz，0.5kWL，10min）可以有效提高溶解性蛋白质的浓度，达到1000mg COD/L 左右，而冻融预处理（F）（–18℃，72h）对溶解性蛋白质释放的影响相对较小，仅为嗜热菌预处理组的1/2。由于不同的预处理方法对剩余污泥水解机制的差异性，溶解性有机物的释放量显著不同。

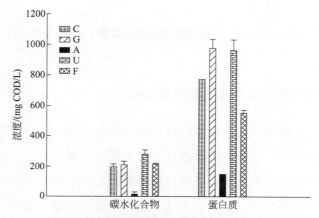

图 6-1 预处理后溶解性有机物释放情况

C—对照组；G—嗜热菌预处理组；A—碱预处理组；U—超声预处理组；F—冻融预处理组

6.1.2 短链脂肪酸的积累及组分分析

短链脂肪酸的积累量及组分分析如图 6-2 所示。嗜热菌预处理组中短链脂肪酸产量在发酵时间为 96h 时获得最大值，为 (2500±25)mg COD/L，此时，碱预处理组为 (2310±100)mg COD/L，冻融预处理组为 (1675±50)mg COD/L，超声预处理组最大，为 (3750±150)mg COD/L。对照组中短链脂肪酸的积累量仅为 (1750±15)mg COD/L。短链脂肪酸组分分析如图 6-2（b）所示，超声预处理的剩余污泥发酵过程中，乙酸的积累量在 96h 时达到 (1360±20)mg COD/L，是嗜热菌预处理组的 1.3 倍，碱预处理组的 1.1 倍，冻融预处理组的 1.8 倍。乙酸占总酸含量的 36.3%。在短链脂肪酸组分中所占比例前三位的分别为乙酸（36.3%）、异丁酸（21.0%）和丙酸

（17.7%），三种短链脂肪酸的含量达到酸含量的71.0%。

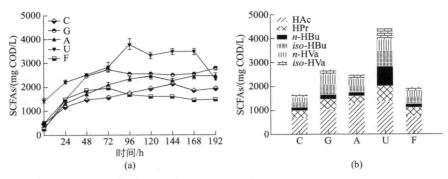

图6-2　剩余污泥发酵过程中短链脂肪酸积累量（a）及组分分析（b）

6.1.3　嗜热菌预处理与其他预处理方法比较

采用嗜热菌生物水解可以高效提升剩余污泥的水解率和溶解性能，去除病原微生物。在其他生物难以生存的极端外界条件下，嗜热菌可以通过其特殊的酶系统和对外界环境的防御机制存活下来。在高温条件下，嗜热菌释放的胞外酶类对剩余污泥的水解有显著的促进作用[7]。研究表明，与热处理相比，机械预处理剩余污泥对污泥微生物细胞的破膜作用影响较小，对于胞外聚合物的剥离及胞外蛋白和胞外碳水化合物的溶解有显著的促进作用[8]。而冻融预处理在提高生物污泥脱水性能的同时，完全冷冻阶段剩余污泥内部形成的冰晶结构对微生物细胞产生一定的损伤，且对胞外聚合物的结构产生一定的影响[9]。采用冻融联合热处理、超声处理和臭氧等预处理方法可以进一步强化剩余污泥的水解性能，从经济效益和运行成本上考虑也具有可行性[10]。

基于以上原因，依据其他预处理技术对剩余污泥的作用特点，和现有嗜热菌的生存特性，进一步考察联合预处理方法对剩余污泥预处理效能和联合预处理对功能微生物群落的影响。

6.2 碱联合嗜热菌强化剩余污泥水解酸化及功能微生物解析

6.2.1 预处理后溶解性有机物分析及相关微生物水解酶活性分析

碱（NaOH）用于强化嗜热菌水解剩余污泥（VSS=10g/L）处理的pH值为10.0。为了研究碱的投加对强化剩余污泥水解的影响，实验采用嗜热菌在pH=10.0的条件下培养，作为接种菌。污泥pH值调整为10.0后，接种嗜热菌，60℃条件下预处理6h，进一步进行序批式实验，为了不影响后续产酸发酵反应，预处理结束后，污泥充氮气10min，排除空气，然后在中温35℃条件下发酵8d（AG）。采用单独嗜热菌 Geobacillus sp. G1（G）和单独碱（pH 10.0）（A）处理作为联合预处理的对照，采用60℃处理作为嗜热菌处理的对照（C）。

实验结果（图6-3）表明，在pH 10.0条件下，嗜热菌对剩余污泥中有机物的释放有明显的促进作用，显著高于单独采用嗜热菌对剩余污泥的预处理作用。大量的溶解性蛋白质和碳水化合物从污泥絮凝体和微生物细胞中溶出，溶解性蛋白质的浓度达到(1295±45)mg COD/L，溶解性碳水化合物的浓度达到(340±15)mg COD/L。其中溶解性蛋白质的浓度为单独采用嗜热菌预处理组的1.6倍，溶解性碳水化合物为嗜热菌预处理组的1.2倍。而对照组中溶解性蛋白质的浓度为(783±30)mg COD/L，溶解性碳水

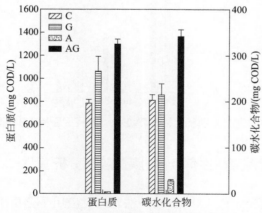

图6-3 预处理后溶解性有机物释放情况
C—对照组；G—嗜热菌处理组；A—碱处理组；AG—碱联合嗜热菌处理组

化合物的浓度仅为(202±13)mg COD/L。

污泥絮凝体主要可以分为四层：第一层为污泥上清液，主要为溶解性有机物，即 DOM；第二层为松散结合型胞外聚合物，即 LB-EPS；第三层为紧密结合型胞外聚合物，即 TB-EPS；第四层为由微生物组成的核心部分[11,12]。图 6-4 为碱联合嗜热菌预处理对剩余污泥中微生物胞外水解酶活性分布的影响。在碱联合嗜热菌预处理实验组中，FDA 水解酶活性在剩余污泥上清液中获得最大值，为(210±20)μg FDA/(mL·h)，是单独采用嗜热菌预处理组的 1.1 倍，是单独采用碱预处理组（pH 10）的 4.3 倍，是对照组的 1.5 倍。相似的结果同样出现在胞外聚合物中，在碱联合嗜热菌预处理实验组中，FDA 水解酶活性为(90±10)μg FDA/(mL·h)。而在单独采用嗜热菌预处理实验组中，FDA 水解酶活性为(85±20)μg FDA/(mL·h)；单独采用碱预处理组中，FDA 水解酶活性仅为(20±5)μg FDA/(mL·h)。结果表明，与单独嗜热菌预处理和单独碱预处理比较，在碱联合嗜热菌预处理组中，污泥上清液和胞外聚合物中均有较高的胞外水解酶活性。说明碱联合嗜热菌预处理对污泥絮凝体的水解有显著的影响，尤其是对溶解性蛋白质的释放。

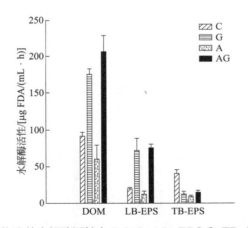

图 6-4　微生物胞外水解酶活性在 DOM、LB-EPS 和 TB-EPS 中的分布

6.2.2　预处理后污泥溶解性有机物的荧光物质分析

三维荧光光谱（3D-EEM）法是广泛应用于分析不同处理条件下剩余污泥中荧光物质变化情况的一种方法，可对多组分复杂体系中荧光光谱重叠的对象进行光谱识别和表征谱图。从剩余污泥中提取的上清液和胞外聚

合物中典型荧光物质的光谱图如图6-5（彩图见书后）所示。

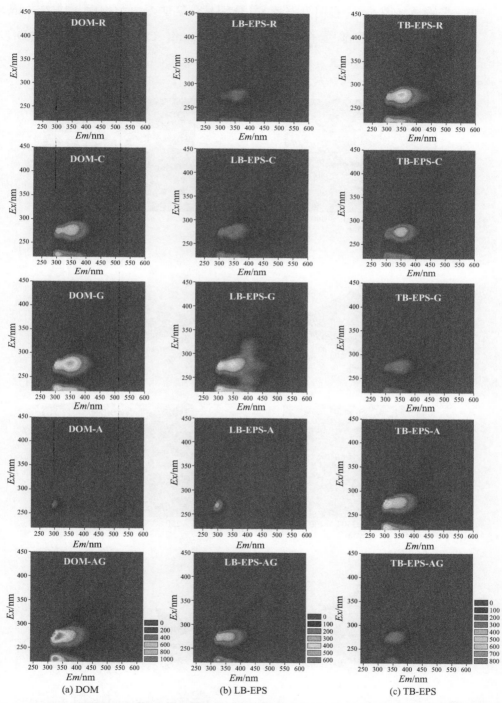

(a) DOM　　　　　　　(b) LB-EPS　　　　　　　(c) TB-EPS

图6-5　不同处理条件下剩余污泥样品 DOM、LB-EPS 和 TB-EPS 中荧光物质的光谱图

采用 PARAFAC 方法分离解析重叠的光谱图[13]，共分离出来四类荧光物质（图 6-6，彩图见书后），分别是色氨酸蛋白类物质（275/350nm，Com.1）、酪氨酸蛋白类物质（275/305nm，Com.2）、辅酶（NADH）（350/450nm，Com.3）和类腐殖酸物质（340/400nm，Com.4）[14,15]。

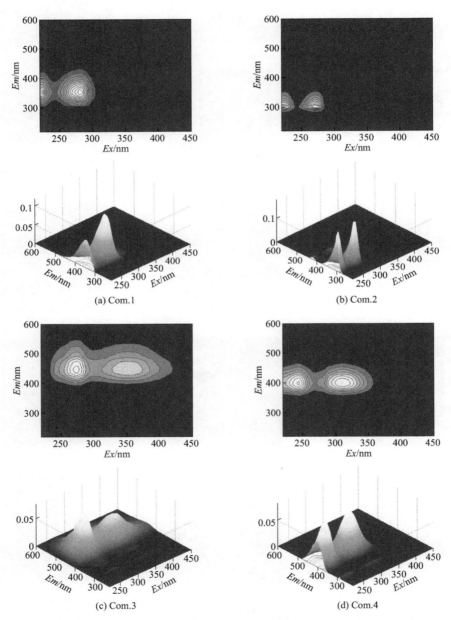

图 6-6　采用 PARAFAC 方法分离解析的不同水解体系中四种组分的荧光光谱图

从四种组分的权重分析图（图 6-7）中可以看出，激发和发散光谱的权重曲线光滑无重叠，激发光谱最大值有 1 个或多个，而发散光谱最大值

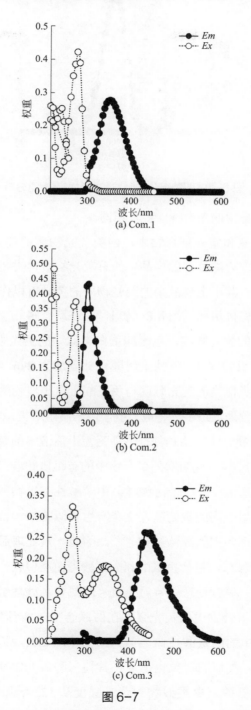

图 6-7

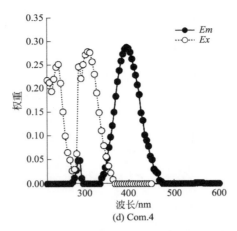

(d) Com.4

图 6-7　四种组分的激发和发射光谱权重分析

仅有一个，与预期光谱特性要求相同。

在上清液和胞外聚合物中，四类荧光物质的荧光强度如图 6-8 所示。虽然不同处理方法处理的样品中的总荧光物质种类相同，但是荧光强度有显著性差异。其中上清液中的荧光物质的荧光可以作为预处理对剩余污泥水解效果的评价指标［图 6-8（a）］，在碱联合嗜热菌预处理组中的荧光物质具有最大的荧光强度，色氨酸蛋白类似物的荧光强度为 847，而单独嗜热菌预处理组为 670，单独采用碱预处理组为 246，比对照组（500）高。酪氨酸蛋白类似物的荧光强度与色氨酸蛋白类似物的荧光强度相似，在碱联合嗜热菌预处理组中具有最大值。由于腐殖酸类似物主要存在于 LB-EPS 中[12]，而碱联合嗜热菌预处理后使污泥上清液中的腐殖酸类似物的荧光强度从 8 增加到 74，说明胞外聚合物中的有机质随着污泥絮凝体结构的瓦解而释放到上清液中。由于污泥样品中溶解性有机物和胞外聚合物的结构相似，因此采用不同的预处理方法会产生相似的结构特征。嗜热菌和碱处理方法均能破坏污泥絮凝体结构[16,17]，因此，预处理后上清液中的蛋白类似物［图 6-8（a）］，包括色氨酸和酪氨酸蛋白类似物，总的荧光强度按照以下顺序排列：碱预处理组＜对照组＜嗜热菌预处理组＜碱联合嗜热菌预处理组。胞外聚合物中的荧光强度在碱联合嗜热菌预处理后发生显著变化，以 TB-EPS 中的酪氨酸蛋白类似物为例［图 6-8（c）］，其荧光强度从 445 降低到 127。类似的现象也出现在其他三种荧光物质中。相反的，在 LB-EPS 层，酪氨酸蛋白类似物的荧光强度从 135 增加到 211［图 6-8（b）］。

其原因是 TB-EPS 层紧密结合在细胞表面，预处理技术对剩余污泥絮凝体的瓦解导致 TB-EPS 中的有机物释放，而 LB-EPS 层为松散结构，具有流变特性，受预处理作用影响较小，但是容易吸附 TB-EPS 层中释放的有机物[18]。由于嗜热菌 *Geobacillus* sp. G1 能够促进剩余污泥中胞外聚合物的脱离，因此在碱性条件下得到进一步的强化。

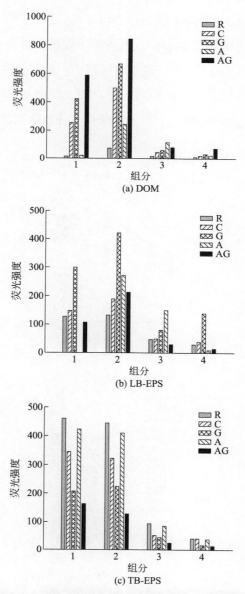

图 6-8　DOM 和 EPSs 中各组分的荧光光谱强度

6.2.3 发酵阶段溶解性有机物转化分析

(1) 短链脂肪酸的积累及组分分析

短链脂肪酸的产量及组分如图6-9所示。碱联合嗜热菌预处理组中短链脂肪酸产量在发酵时间为96h时获得最大值，为(3529±150)mg COD/L，是单独碱预处理组[(2330±100)mg COD/L]的1.5倍，是单独嗜热菌预处理组[(2556±95)mg COD/L]的1.4倍。Jie等[19]研究表明，剩余污泥中投加耐碱性微生物在pH 10的条件下发酵96h后，短链脂肪酸的积累量为3000mg COD/L。在厌氧发酵过程中，碱联合嗜热菌预处理组短链脂肪酸的积累过程采用二次等式表示，即$Y_{SCFAs}=-0.1X^2+38X+896$，$R^2=0.98$，$P<0.05$。在发酵96h时，不同处理条件下各短链脂肪酸组分所占比例如图

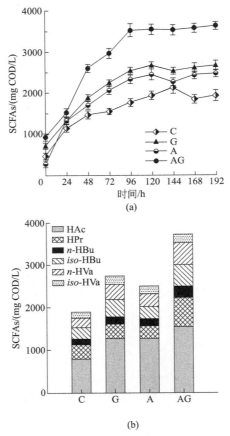

图6-9 剩余污泥发酵过程中短链脂肪酸产量（a）及组分（b）

6-9(b)所示,其中乙酸作为最适宜生物工艺应用的组分(如生产生物气或生物高聚物[17,20]),在总酸中比例最大,为(1563±37)mg COD/L,是单独碱预处理组的1.2倍,是单独嗜热菌预处理组的1.3倍,是对照组的1.9倍。丙酸和正戊酸(n-HVa)是另外两种含量最高的短链脂肪酸组分。在碱联合嗜热菌预处理组和碱预处理组,三种短链脂肪酸所占比例大小排序为乙酸>丙酸>正戊酸,在单独嗜热菌预处理组和对照组中顺序为乙酸>异丁酸(iso-HBu)>正戊酸。在碱联合嗜热菌预处理组中,乙酸、丙酸和正戊酸的总量达到短链脂肪酸总量的80%。

(2)溶解性有机物的转化

短链脂肪酸积累的相关代谢途径,尤其是乙酸,主要是来源于剩余污泥的蛋白质和碳水化合物的转化作用[21]。由于剩余污泥中的有机物的种类直接影响到厌氧发酵过程中有机物的利用情况和代谢产物,因此,短链脂肪酸产量的增加是由于溶解性蛋白质和溶解性碳水化合物大量消耗。在发酵96h时,短链脂肪酸的积累量达到最大值,而溶解性有机物的含量达到最小值,如图6-10所示。

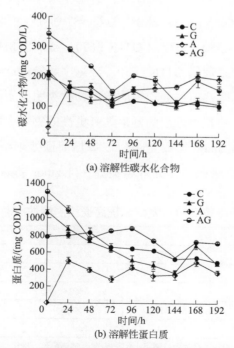

(a) 溶解性碳水化合物

(b) 溶解性蛋白质

图6-10 溶解性碳水化合物和溶解性蛋白质的变化

在发酵的初始 96h，碱联合嗜热菌预处理组的溶解性蛋白质的浓度由 (1238±22)mg COD/L 降低到 (876±12)mg COD/L，溶解性碳水化合物的浓度由 (340±15)mg COD/L 降低到 (203±5)mg COD/L。在单独嗜热菌预处理组中，溶解性蛋白质的浓度降低到 (502±54)mg COD/L，溶解性碳水化合物的浓度降低到 (154±12)mg COD/L。单独碱预处理组的溶解性蛋白质的浓度降低到 (418±23)mg COD/L，溶解性碳水化合物的浓度降低到 (155±8)mg COD/L。对照组的溶解性蛋白质的浓度降低到 (641±24)mg COD/L，溶解性碳水化合物的浓度降低到 (117±8)mg COD/L。这些结果与早期得出的研究结果一致，即短链脂肪酸是微生物在发酵过程中利用有机物转化产生的[11]。

6.2.4 发酵阶段微生物群落结构分析

（1）群落丰度和多样性分析

该处理条件下，碱的投加对功能微生物群落结构的影响分析结果显示（表 6-1），发酵过程中获得的用于分析的有效优化序列为 26248～17752，平均长度在 360bp 以上。以 3% 的差异性划分（相似性 >97%），可划分为原泥组 OTUs 4550、对照组 OTUs 2670、嗜热菌预处理组 OTUs 2630、碱联合嗜热菌预处理组 OTUs 1650。当测序数量接近 30000 时，嗜热菌预处理组和碱联合嗜热菌预处理组的微生物种类明显下降。说明对照组的微生物群落比嗜热菌预处理组的群落具有更高的物种丰度，对照组中具有较低的多样性（Shannon 指数 =5.05），嗜热菌预处理组较高（Shannon 指数 =5.08），碱联合嗜热菌预处理组最高（Shannon 指数 =5.29）（图 6-11）。说

表 6-1 发酵过程高通量测序数据

项目	R	C	G	AG
序列数	24212	26248	24459	17752
OTUs①	4550	2670	2630	1650
ACE 丰富度	18784	8860	7818	4685
Chao1 丰富度	11959	6246	5491	3404
Shannon 指数	6.83	5.05	5.08	5.29

注：R—原泥；C—对照组；G—嗜热菌预处理组；AG—碱联合嗜热菌预处理组。
① 3% 的差异性。

明在水解阶段碱和嗜热菌 *Geobacillus* sp. G1 对微生物群落结构的影响导致厌氧阶段微生物群落结构的显著差异。

层序聚类用于分析原泥和发酵污泥样品中四种微生物群落结构的差异（图 6-12，彩图见书后）。层序聚类分析基于四种样品微生物群落在属层

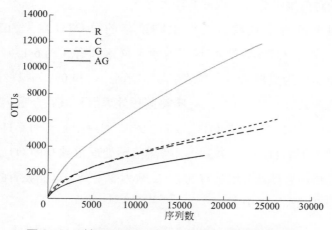

图 6-11 基于 Illumina HiSeq 的微生物群落稀疏曲线

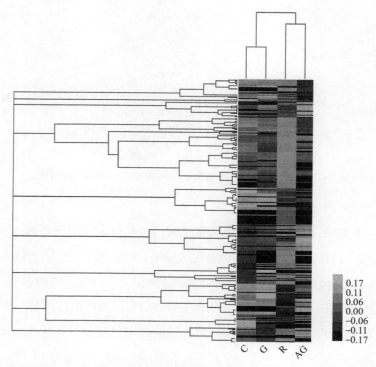

图 6-12 基于 Illumina HiSeq 的发酵剩余污泥微生物群落层序聚类分析

面的差异性。结果如图6-12所示,实验中的微生物群落主要分为两个分支,其中对照组和嗜热菌预处理组为一个分支,原泥与碱联合嗜热菌预处理组为另一个分支,说明尽管微生物来源相同,但是由于水解阶段碱和温度对微生物群落的影响,发酵过程最终形成完全不同的微生物群落,并且投加碱对微生物群落结构影响较大。

四个群落中观察到的微生物群落的总OTU数为3637,有157个OTUs(占总OTU数的4.3%)为四个群落共有(图6-13)。在共有OTU中有35.0%为变形菌门,27.4%为厚壁菌门,14.0%为拟杆菌门,其中未分类的占共有OTU的3.2%。嗜热菌预处理组和碱联合嗜热菌预处理组共有OTU数为287,占总OTU数的7.9%。对照组独有的OTU数为414个,原泥独有的OTU数为933个,嗜热菌预处理组独有的OTU数为396个,碱联合嗜热菌预处理组独有的OTU数为371个,这些独有的OTU的总和占总OTU数的47.9%。

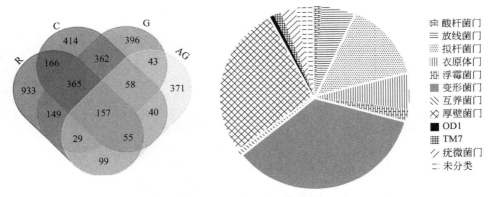

图6-13 基于OTUs的发酵剩余污泥微生物群落Venn图

(2)群发育系统分类

发酵微生物群中主要包括厚壁菌门、拟杆菌门和变形菌门三个门(图6-14)。其相对丰度在对照组达到95.4%,嗜热菌预处理组为95.3%,碱联合嗜热菌预处理组为71.9%,在原泥中仅为57.8%。嗜热菌预处理组中,厚壁菌门在总微生物量中相对丰度为69.1%,拟杆菌门相对丰度为11.2%,变形菌门相对丰度为15.1%,而在碱联合嗜热菌预处理组中,厚壁菌门在总微生物量中相对丰度为38.2%,拟杆菌门相对丰度为15.5%,变形菌门相对丰度为 18.1%。其中，碱联合嗜热菌预处理组中厚壁菌门的相对丰度比嗜热菌预处理组减少了 30.9%，而变形菌门相对丰度比对照组增加了 3.0%，拟杆菌门相对丰度增加了 4.3%。

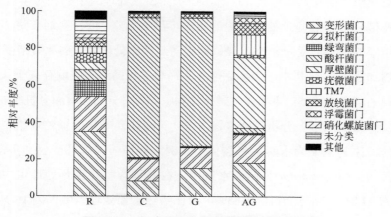

图 6-14 门水平上的微生物群落结构分析

从纲水平上分析，发酵样品中检测到的微生物群落可以分为 45 个纲，其中占主要地位的为 13 个纲，主要包括 α-变形菌纲、β-变形菌纲、δ-变形菌纲、γ-变形菌纲、梭状芽孢杆菌纲、鞘脂杆菌纲、杆菌纲、厌氧绳菌纲、疣微菌纲、酸杆菌门、放线菌纲、黄杆菌纲和拟杆菌纲（图 6-15）。在原泥中，α-变形菌纲、β-变形菌纲、δ-变形菌纲和 γ-变形菌纲占所有微

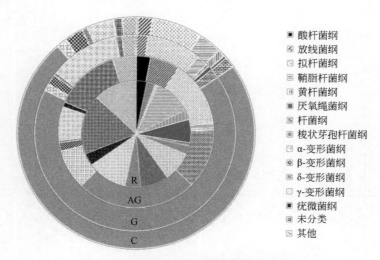

图 6-15 纲水平上的微生物群落结构分析

生物含量的 34.1%，在嗜热菌预处理组中相对丰度为 14.7%，在碱联合嗜热菌预处理组中相对丰度为 18.0%，比对照组减少了 16.1%。梭状芽孢杆菌纲在原泥中的相对丰度为 2.6%，为实验组中最低。梭状芽孢杆菌纲在对照组中的相对丰度为 73.3%，在嗜热菌预处理组中的相对丰度为 66.0%，在碱联合嗜热菌预处理组中的相对丰度 25.2%。拟杆菌纲在嗜热菌预处理组中的相对丰度为 8.7%，在碱联合嗜热菌预处理组中的相对丰度为 13.9%，增加了 5.2%。其中，梭状芽孢杆菌纲和拟杆菌纲是普遍存在于厌氧发酵过程的微生物种类，主要参与剩余污泥中固体成分的分解和有机酸的积累[22]。

从属水平上分析表明（图 6-16），碱联合嗜热菌预处理组中参与发酵的微生物主要为水解菌和酸化菌，例如梭菌属、拟杆菌属和不动杆菌属。其中，*Caloramator* 为高温水解菌，在碱联合嗜热菌预处理组中相对丰度为 34.8%，比对照组低 10.5%，而在嗜热菌预处理组中仅为 1.4%。梭菌属在碱联合嗜热菌预处理组中的相对丰度为 14.4%，比嗜热菌预处理组中高 1.0%。其原因可能是梭菌属微生物在逆境中（高温条件下）形成代谢休眠的孢子体，能够在高温预处理过程中存活。在进一步的厌氧发酵过程中，梭菌属微生物主要参与剩余污泥的蛋白质和氨基酸的水解作用。在碱联合

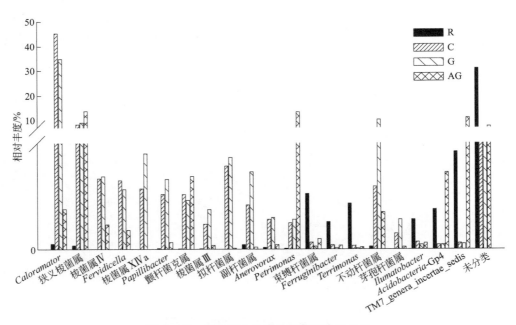

图 6-16 属水平上的微生物群落结构分析

嗜热菌预处理组中，酸杆菌属和 TM 7 属微生物的相对丰度显著高于其他三组，主要参与短链脂肪酸的积累过程。TM 7 在厌氧条件下可以硝酸盐作电子受体，并利用葡萄糖和乙酸进行代谢，因此普遍存在于活性污泥处理系统中[23]。

6.3 超声联合嗜热菌强化剩余污泥水解酸化及功能微生物解析

6.3.1 预处理后溶解性有机物分析

为了考察超声预处理对后续嗜热菌水解剩余污泥的影响，实验采用超声法对剩余污泥（VSS=10g/L）进行预处理后，继续投加优化投加比的嗜热菌菌体（UG）。超声预处理条件为：超声频率为 40kHz，声能密度为 0.5kW/L，污泥停留时间为 10min。嗜热菌处理条件为以 10% 的体积分数投加到污泥中，并在 60℃条件下预处理 6 h。采用单独嗜热菌（G）、单独超声预处理（U）和超声联合热处理（UT）作为联合预处理的对照。采用 60℃高温处理（C）作为嗜热菌处理对照。预处理结束后，污泥充氮气 10min，排除空气，然后在中温 35℃条件下发酵 8d。

如图 6-17 所示，原泥中 LB-EPS 层的溶解性碳水化合物的浓度为 (117±1)mg COD/L，TB-EPS 层的溶解性蛋白质浓度为 (915±21)mg COD/L，并且二者在剩余污泥上清液中含量较低。然而经嗜热菌预处理后，污泥中 LB-EPS 层溶解性碳水化合物和蛋白质的浓度显著提高。不同预处理后溶解性有机物在污泥上清液中的浓度如图 6-17（a）所示，对照组中其浓度为 (196±40)mg COD/L，嗜热菌预处理组中的浓度为 (213±40)mg COD/L，超声预处理组中的浓度为 (282±26)mg COD/L，超声联合热预处理组中浓度为 (331±25)mg COD/L，超声联合嗜热菌预处理组中浓度为 (438±80)mg COD/L；相应的溶解性蛋白质的浓度分别为 (885±40)mg COD/L、(982±55)mg COD/L、(967±66)mg COD/L、(1312±97)mg COD/L 和 (1417±33)mg COD/L [图 6-17（b）]。结果表明，超声联合嗜热菌预处理组中溶解性碳水化合物的浓度是对照组的 2.23 倍，溶解性蛋白质是对照组的 1.66 倍。其原因是 TB-EPS 紧密结合在细胞表面，超声处理过程中使其释放，并且 LB-EPS 以松散结构和流变性质存在，但是容易吸收 TB-EPS 层和细胞内释放的有机物[24]。另外，溶解性碳水化合物和蛋白质通过水解过程释放，主要来源于预处理阶段的 TB-EPS 层，以及热稳定酶对细胞水解作用释放的胞内物质。超声联合嗜热菌预处理组释放的溶解性碳水化合物和蛋白质浓度为 (772±89)mg COD/L 和 (917±70)mg COD/L，分别是对照组的 2.62 倍和 2.53 倍。

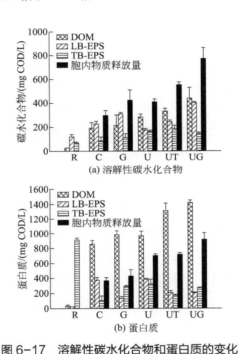

图 6-17 溶解性碳水化合物和蛋白质的变化

R—原泥；C—对照组；G—嗜热菌预处理组；U—超声预处理组；UT—超声联合热预处理组；
UG—超声联合嗜热菌预处理组

不同预处理后的污泥粒径分布如图 6-18 所示。预处理后小粒径颗粒占主要部分，20～200μm 粒径的颗粒个数远小于 2～20μm 粒径的颗粒个数，并且联合预处理后小粒径颗粒个数远大于单一预处理后的小粒径个数，可以看出预处理瓦解了污泥絮凝体结构，有效地增加了溶解性有机物的比例。单一预处理后剩余污泥在 4.0～7.0μm 之间的颗粒百分比显著增加，联合预处理后剩余污泥在 2.0～4.0μm 之间的颗粒百分比显著增加，说明联合预处理后剩余污泥颗粒有朝向较低分子量化合物转化的趋势。超声联合嗜热菌处理后的剩余污泥在 4.0μm 左右的颗粒百分比可达 40% 以上，2.0μm 左右的颗粒百分比可达 35% 以上，均比其他四组样品的颗粒百分比高。

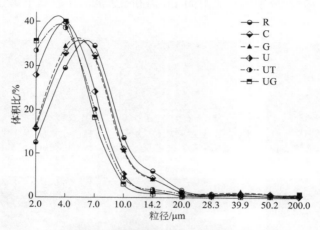

图 6-18 不同预处理后污泥粒径分布

6.3.2 预处理后污泥溶解性有机物的荧光物质分析

不同预处理后污泥样品中的溶解性有机物、LB-EPS 和 TB-EPS 有机物的三维荧光光谱如图 6-19～图 6-21 所示（彩图见书后）。三维荧光光谱分析结果显示，样品上清液和胞外聚合物中的荧光物质主要为色氨酸蛋白类似物（275/350nm，Com.1）、酪氨酸蛋白类似物（275/305nm，Com.2）和类腐殖酸物质（300/450nm，Com.3）。虽然各荧光物质的荧光特征相似，但各物质的光谱强度有显著区别。

预处理后，样品中仍以这三类荧光物质的荧光峰为主，可见，预处理对剩余污泥处理的主要效果是提高固体物质的溶解效率，但是，单一预处理样品的 3 种有机物组分的荧光强度明显低于联合预处理组（图 6-22），说明剩余污泥上清液和 LB-EPS 中类蛋白物质的数量增加，色氨酸蛋白类似物和酪氨酸蛋白类似物为光谱强度最强的物质。联合预处理后污泥上清液中酪氨酸蛋白类似物的荧光强度为 850，是原泥的 3.07 倍；色氨酸蛋白类似物的荧光强度为 435。由于蛋白类似物的易降解性能，提高蛋白类似物的含量有助于进一步厌氧发酵[25]。Yu 等[12]研究发现类腐殖酸物质主要存在于 LB-EPS 中，因此，溶解性有机物中的腐殖酸类似物荧光强度由 3 增加到 36 是由胞外聚合物释放引起的。超声联合嗜热菌预处理后污泥上清液中的酪氨酸蛋白类似物的荧光强度为 725，色氨酸蛋白类似物的荧光强度为 196，分别是对照组的 1.6 倍和 2.2 倍，显著高于单独预处理组。相

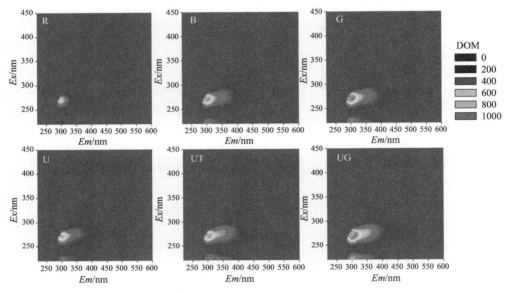

图 6-19　DOM 中有机物的荧光光谱

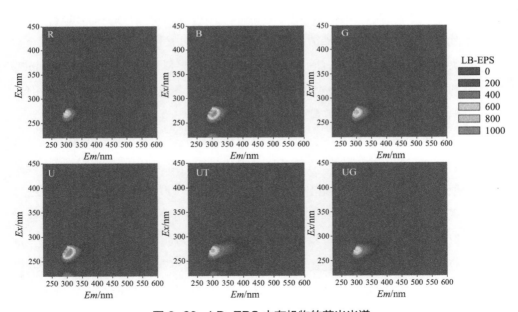

图 6-20　LB-EPS 中有机物的荧光光谱

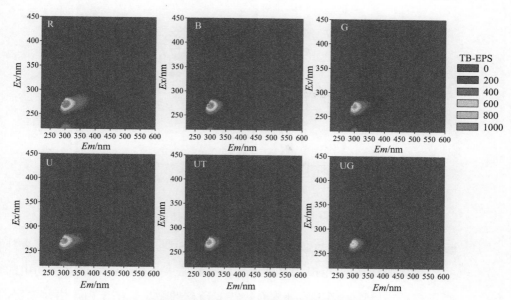

图 6-21 TB-EPS 中有机物的荧光光谱

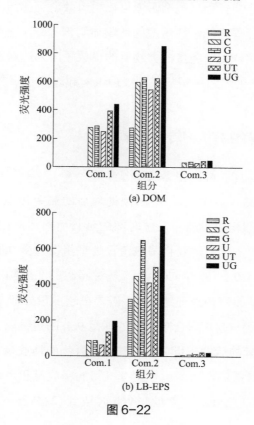

图 6-22

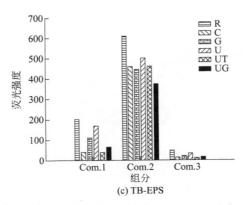

图 6-22 DOM、LB-EPS 和 TB-EPS 中有机物的荧光强度

反的,以酪氨酸蛋白类似物为例,在 TB-EPS 层,荧光强度由 612 减少到 372,同样的现象也出现在另外两种荧光物质中。由于溶解性有机物中的类蛋白类物质均来源于胞外聚合物或者破碎的微生物细胞内,由此表明,超声联合嗜热菌预处理剩余污泥可以更有效地强化污泥的水解性能。超声和嗜热菌预处理均能破坏污泥的絮凝体结构[12,17],处理后的污泥溶解性有机物和胞外聚合物中类蛋白类物质的释放顺序为:对照组<超声预处理组<超声联合热处理组<嗜热菌预处理组<超声联合嗜热菌预处理组。

6.3.3 发酵阶段溶解性有机物转化分析

(1) 短链脂肪酸的积累及组分分析

如图 6-23(a)所示,不同预处理后的剩余污泥在发酵的初始阶段,短链脂肪酸的积累量随着发酵时间的延长而增加,在 96h 时达到最大值,96h 后维持稳定。超声联合嗜热菌预处理组在发酵 96h 时短链脂肪酸的积累量达到 (4437 ± 15)mg COD/L,是对照组的 2.5 倍,是嗜热菌预处理组的 1.7 倍,是超声预处理组的 1.2 倍。在超声预处理发酵的 120h,短链脂肪酸的积累量与超声联合嗜热菌处理组 96h 的短链脂肪酸积累量相同,其原因是在发酵的后期,蛋白质和碳水化合物的释放量显著下降,在发酵的 72h 时达到最低值,因此,导致有机物的释放量和消耗量不能达到动力平衡[26]。其中,乙酸的积累量在 96h 时达到 (2275 ± 15)mg COD/L,占总酸量的 51.3%。

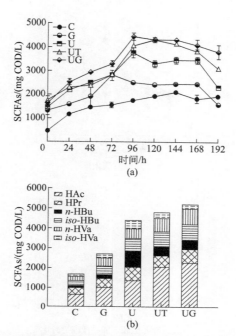

图 6-23　剩余污泥发酵过程中短链脂肪酸产量（a）及组分（b）分析

短链脂肪酸组分分析如图 6-23（b）所示，在超声联合嗜热菌预处理组的剩余污泥发酵过程中，乙酸的积累量在 96h 时达到 $(2275±15)$mg COD/L，是对照组的 3.4 倍，是嗜热菌预处理组的 2.2 倍，是超声预处理组的 1.7 倍，是超声联合热预处理组的 1.1 倍。乙酸占总酸含量的 43.4%，与前期结果相似。Jie 等[19]研究表明，在剩余污泥发酵的第 9 天，短链脂肪酸的积累量达到 3140mg COD/L 时，乙酸含量达到 50.6%。结果表明联合预处理有助于快速积累短链脂肪酸，缩短发酵时间。在短链脂肪酸组分中占比排前三位的短链脂肪酸为乙酸（43.3%）、异丁酸（15.5%）、正戊酸（14.7%），其总量达到总短链脂肪酸含量的 73.6%，而异戊酸占总短链脂肪酸比例最小，仅为总短链脂肪酸含量的 6%。

（2）预处理对酸化率影响及短链脂肪酸组分间的转化

通常用酸化率来表征有机物的酸化程度[27]，预处理方法和发酵时间对酸化率的影响如图 6-24（a）所示。显然，在发酵的起始阶段，由于溶解性有机物含量很高，酸化率随着发酵时间的延长而迅速增加，然后短链脂肪酸积累量的增加导致 pH 值的下降，酸化率随之降低。超声联合嗜热菌预处理组的酸化率最高，而超声联合热预处理需要较长的发酵时间酸化

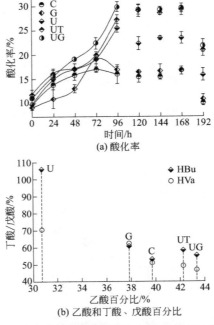

图6-24 剩余污泥发酵过程中酸化率及酸化产物的转化

率才达到最大值。对照组和嗜热菌预处理组的最大酸化率仅为16.9%和19.1%。

不同预处理后的酸化产物的转化如图6-24（b）所示，主要包括C_2、C_4和C_5型短链脂肪酸。丁酸和戊酸降解转化公式为：

$$CH_3CH_2CH_2COOH + 2H_2O \longrightarrow 2CH_3COOH + 2H_2 \tag{6-1}$$

$$CH_3CH_2CH_2CH_2COOH + 2H_2O \longrightarrow \\ CH_3CH_2COOH + CH_3COOH + 2H_2 \tag{6-2}$$

在超声联合嗜热菌预处理组丁酸和戊酸的含量明显低于超声处理，显然大量的丁酸和戊酸通过产氢产乙酸菌（HPA）转化为乙酸。然而，丁酸/乙酸和戊酸/乙酸在不同的预处理后比值差异性很大。在对照组，丁酸/乙酸的值为53.0%，嗜热菌预处理组为61.0%，超声预处理组为106.3%，超声联合热预处理组为58.6%，超声联合嗜热菌预处理组为55.4%，相应的戊酸比例为50.9%、62.5%、70.5%、49.1%和46.7%。超声联合嗜热菌预处理组的转化率显著高于其他4组。

6.3.4 酸化阶段微生物群落结构分析

对发酵96h的污泥样品进行高通量测序分析发现（表6-2），发酵过程中获得的有效用于分析的优化序列为18968～27649，平均长度在360bp以上。以3%的差异性划分（相似性>97%），可划分为原泥组4550个OTUs、对照组2670个OTUs、嗜热菌预处理组2630个OTUs、超声预处理组2172个OTUs、超声联合热预处理组2203个OTUs、超声联合嗜热菌预处理组2398个OTUs。当测序数量接近15000时，超声预处理组的微生物种类明显下降，当测序数量接近30000时，超声联合嗜热菌预处理组的微生物种类下降，说明原泥具有最大的微生物丰度，而超声预处理对微生物的损伤较大，导致微生物丰度下降。原泥中具有最高的多样性（Shannon指数=6.83），而嗜热菌预处理组和对照组较高（Shannon指数=5.05和5.08），超声预处理组、超声联合热预处理组和超声联合嗜热菌预处理组多样性最低（Shannon指数=4.42、4.54和4.51）（图6-25）。说明在水解阶段超声和嗜热菌对微生物群落结构的影响最终导致厌氧阶段微生物群落结构具有显著性差异。

表6-2 发酵过程高通量测序数据

项目	R	C	G	U	UT	UG
序列数	24212	26248	24459	18968	23941	27649
OTUs[①]	4550	2670	2630	2172	2203	2398
ACE丰富度	18784	8860	7818	6434	7250	9103
Chao1丰富度	11959	6246	5491	4491	4811	5757
Shannon指数	6.83	5.05	5.08	4.42	4.54	4.51

注：R—原泥；C—对照组；G—嗜热菌预处理组；U—超声预处理组；UT—超声联合热预处理组；UG—超声联合嗜热菌预处理组。

① 3%的差异性。

层序聚类分析基于六个样品微生物群落属差异性分析（图6-26，彩图见书后）。由图所示，微生物群落主要分为四个分支，对照组和嗜热菌预处理组为一个分支，超声联合热预处理组与超声联合嗜热菌预处理组为另一个分支，这两个分支与超声预处理组构成另一个分支，说明尽管都是来源于剩余污泥，但是由于水解过程中超声和温度对微生物群落的影响，发酵过程的定向富集作用形成完全不同的微生物群落，并且超声对微生物群落结构有较大影响。

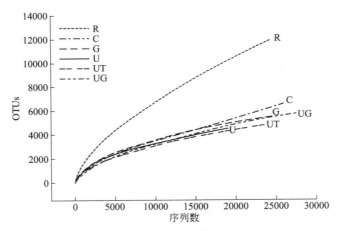

图 6-25　基于 Illumina HiSeq 的微生物群落稀疏曲线

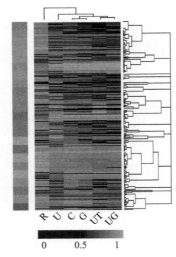

图 6-26　基于 Illumina HiSeq 的发酵剩余污泥微生物群落层序聚类分析

为了考察嗜热菌预处理组、超声预处理组和超声联合嗜热菌预处理组在发酵阶段微生物群落结构的差异性，三个群落中观察到的微生物群落的总 OTU 数为 2059，有 94 个 OTUs（占总 OTU 数的 4.6%）为三个群落共有（图 6-27）。在共有 OTU 中 30.8% 属于变形菌门，36.1% 属于厚壁菌门，11.8% 属于拟杆菌门，其中未分类的占共有 OTU 的 4.7%。嗜热菌预处理组和超声联合嗜热菌预处理组共有 OTU 数为 238，占总 OTU 数的 11.6%。超声预处理组和超声联合嗜热菌预处理组共有 OTU 数为 195，占总 OTU 数的 9.5%。超声预处理组独有的 OTU 数为 371 个，嗜热菌预处理组独有的 OTU 数为 367 个，超声联合嗜热菌预处理组独有的 OTU 数为 303 个，这些独有的 OTU 的总和占总 OTU 数的 50.6%。

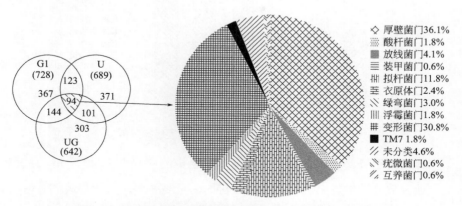

图 6-27 基于 OTUs 的发酵剩余污泥微生物群落 Venn 图

从门、纲和属三个分类学水平进一步分析原泥、对照组、超声预处理组、嗜热菌预处理组、超声联合热预处理组和超声联合嗜热菌预处理组的剩余污泥发酵阶段微生物 OTUs 的分布。在门分类水平上（图 6-28），6 个微生物群落结构主要为 3 个门，分别为拟杆菌门、厚壁菌门和变形菌门。这三类微生物是污泥厌氧消化普遍存在的微生物种类，在污泥的水解和酸化过程中起着重要的作用[28,29]，尽管在原泥中厚壁菌门的比例最低（2.7%），但是超声联合嗜热菌预处理组中厚壁菌门的相对丰度达到 82.9%。在超声预处理组中变形菌门的相对丰度最高，达到 61.7%。在超声联合嗜热菌预处理组中厚壁菌门的相对丰度比嗜热菌预处理组增加了 14.3%，比超声预处理组增加了 62.7%，比对照组增加了 14.8%；变形菌门的相对丰度比嗜热菌预处理组减少了 10.3%，比超声预处理组减少了 57.1%，比对照组减少了 3.7%；拟杆菌门的相对丰度比嗜热菌预处理组增加了 2.1%，比超声预处理组增加了 0.7%，比对照组减少了 2.2%。充分说明不同预处理后，尽管微生物种类相同，但是各类微生物所占的比例差异显著，这是厌氧酸化过程中不同预处理手段对微生物的定向选择和富集作用的结果[30]。

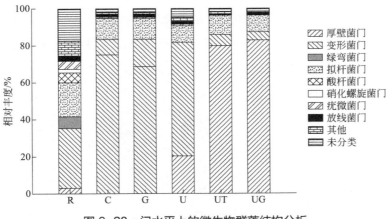

图 6-28 门水平上的微生物群落结构分析

在纲分类水平上（图 6-29），高通量测序检测到 49 个纲的细菌，并且大部分微生物属于 12 个纲，包括 α-变形菌纲、β-变形菌纲、δ-变形菌纲、γ-变形菌纲、梭状芽孢杆菌纲、鞘脂杆菌纲、杆菌纲、厌氧绳菌纲、疣微菌纲、酸杆菌纲、放线菌纲、黄杆菌纲和拟杆菌纲。在超声预处理组中，α-变形菌纲、β-变形菌纲、δ-变形菌纲和 γ-变形菌纲占微生物总量的 61.3%，在嗜热菌预处理组中相对丰度为 14.7%；在超声联合嗜热菌预处理组中相对丰度为 4.5%，为实验组中最低。梭状芽孢杆菌纲在超声预处理组中相对丰度为 18.8%，在嗜热菌预处理组中相对丰度为 66.0%，在超声联合嗜热菌预处理组中相对丰度为 78.9%。拟杆菌纲在嗜热菌预处

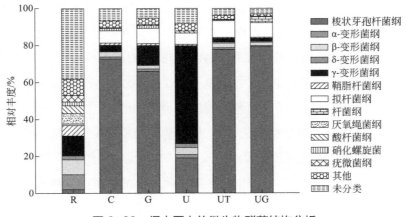

图 6-29 纲水平上的微生物群落结构分析

理组中相对丰度为8.6%，在超声预处理组中相对丰度为6.1%，在超声联合嗜热菌预处理组中相对丰度为8.6%。

在属水平上（图6-30），联合处理组的微生物主要为产酸菌，以属于梭状芽孢杆菌纲的 *Caloramator* 为主，达到微生物总量的40%。在厌氧产酸发酵过程中主要以强化产酸的微生物为主，如梭菌属[31]，因此，在联合预处理组中，梭状芽孢杆菌纲（78.9%）、拟杆菌纲（8.6%）、变形菌纲（4.5%）微生物以乙酸和丙酸为主要代谢产物。与单独预处理相比，联合预处理后的污泥厌氧发酵具有高效的产酸能力，主要取决于预处理对剩余污泥的水解效率[2]。研究表明，水解过程不会显著改变微生物群落组成，但发酵阶段会定向地富集一些产酸菌，如 *Caloramator* 在联合处理组中厌氧产酸发酵阶段的比例有显著提高[32]。尽管与对照组和单独预处理组相比，由于预处理条件的影响γ-变形菌纲含量显著降低，但是其他种类的微生物有显著的提高，主要以能够耐受高温的水解菌如芽孢杆菌属微生物为主[33]。其原因是梭菌属和芽孢杆菌属在高温或者存在有毒化合物的环境中能够形成休眠的孢子体存活下来[30]。因此，功能微生物的富集促进了剩余污泥在发酵阶段短链脂肪酸的大量积累。

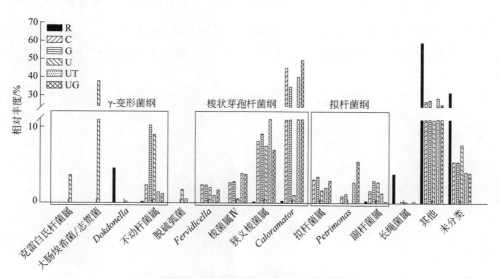

图6-30　属水平上的微生物群落结构分析

6.4 冻融联合嗜热菌强化剩余污泥水解酸化及功能微生物解析

6.4.1 预处理后溶解性有机物分析

为了考察冻融预处理对后续嗜热菌水解酸化剩余污泥的影响，实验采用冻融法对剩余污泥（VSS=10g/L）进行预处理后，再进行嗜热菌预处理（FG）。冻融预处理条件为：-18℃下冷冻72h，室温融化。嗜热菌处理条件为以10%的体积分数投加到污泥中，并在60℃条件下预处理6h。采用单独嗜热菌（G）和单独冻融处理（F）作为联合预处理的对照。为排除高温对联合预处理的影响，增加冻融预处理后采用60℃高温预处理组（FT）。预处理结束后，污泥充氮气10min，排除空气，然后在中温35℃条件下发酵8d。

如图6-31所示，在所有的处理组中，碳水化合物的浓度从起始的150mg COD/L左右增加到190mg COD/L左右，并且不同的预处理方法对碳水化合物的释放无显著影响。因此，以溶解性蛋白质作为评价污泥水解性能的指标。采用嗜热菌预处理后，溶解性蛋白质的浓度达到(947±35) mg COD/L，是冻融预处理组的1.7倍。并且在冻融联合嗜热菌预处理组中溶解性蛋白质的浓度达到最大值，(1226±24)mg COD/L，是对照组的1.4倍，是单独嗜热菌预处理组的1.3倍，是单独冻融预处理组的2.2倍。和

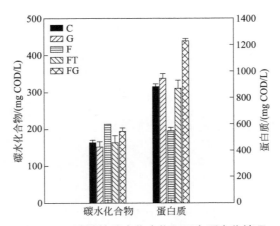

图6-31 溶解性碳水化合物和蛋白质变化情况

C—对照组；G—嗜热菌预处理组；F—冻融预处理组；FT—冻融联合热预处理组；FG—冻融联合嗜热菌预处理组

初始的剩余污泥相比,样品上清液中的溶解性蛋白质的浓度在采用联合处理后提高了 30 倍。目前,大多数的研究集中在单独采用嗜热菌或者冻融法处理剩余污泥,来实现剩余污泥的资源化[9,34]。而上述实验结果显示,冻融联合嗜热菌预处理的剩余污泥中释放的溶解性蛋白质的量是单独冻融预处理的 2.2 倍,是单独嗜热菌预处理的 1.3 倍。显然,相对于单一的预处理方法,冻融联合嗜热菌预处理可以高效地提高溶解性蛋白质的浓度,从而进一步提升剩余污泥的生物降解性能,为后续短链脂肪酸的积累提供了充足的底物。

6.4.2 预处理后污泥溶解性有机物的荧光物质分析

三维荧光光谱分析显示,预处理后的剩余污泥出现 2 个吸收峰(图 6-32,彩图见书后),分别在(220～275)/350nm(Com.1)和(200～275)/300nm(Com.2)。由于这两种物质有相同的激发波长,因此均为蛋白质类似物,分别为色氨酸蛋白类似物和酪氨酸蛋白类似物[35]。

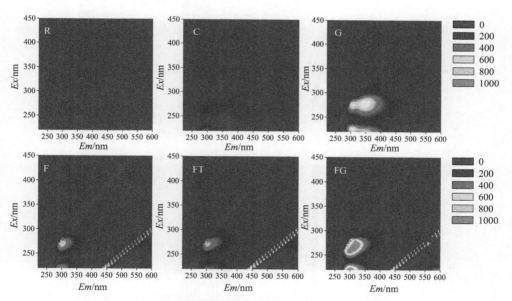

图 6-32　不同处理条件下剩余污泥 DOM 中荧光光谱图

所有的样品具有类似的吸收峰,但是荧光强度有显著差别,如图 6-33 所示。原泥上清液中的荧光强度最低,仅为 75,在其他预处理后的污泥样品中均有不同程度的提高。在冻融联合嗜热菌预处理组中获得色氨酸蛋白类似物的最大荧光强度为 933，因此，色氨酸蛋白类似物作为溶解性有机物中的主要成分，其荧光强度是原泥的 12.4 倍，是嗜热菌预处理组的 1.4 倍，是冻融预处理组的 1.6 倍。与其他预处理方法相比，冻融联合嗜热菌预处理组 TB-EPS 中蛋白类似物的荧光强度出现大幅度降低，色氨蛋白

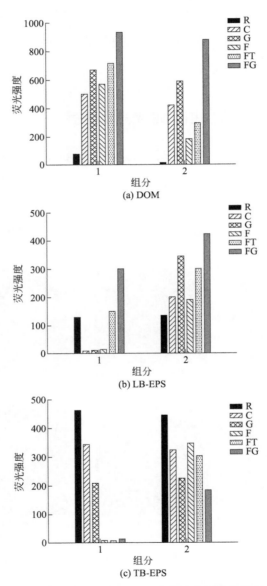

图 6-33　DOM、LB-EPS 和 TB-EPS 中有机物的荧光强度

类似物从 462 降低到 11，同时酪氨酸蛋白类似物的荧光强度从 446 降低到 184。相反地，在 LB-EPS 中色氨酸蛋白类似物的荧光强度从 126 增加到 298，同时，酪氨酸蛋白类似物的荧光强度从 131 增加到 421。

与单一预处理方法相比，在冻融联合嗜热菌预处理后，两种荧光物质的荧光强度显著增加。胞外聚合物中蛋白类似物的释放通过联合预处理法得到提高，利于后续的产酸发酵作用。

6.4.3 发酵阶段溶解性有机物转化分析

（1）短链脂肪酸的积累及组分分析

在总时间为 192h 的发酵过程中，初始 72h，短链脂肪酸的积累随着发酵时间的增加而增长，随后维持稳定（图 6-34）。在冻融联合嗜热菌预处理组达到最大积累量，即 (3032±53)mg COD/L，是对照组的 2.0 倍，是嗜热菌预处理组的 1.2 倍，是冻融预处理组的 1.5 倍，是冻融联合热预处理组的 1.4 倍。*Geobacillus* sp. G1 对短链脂肪酸的积累起着重要的作用，其短链脂肪酸积累量为对照组的 1.8 倍。短链脂肪酸积累量按从小到大排列为对照组＜冻融预处理组＜冻融联合热预处理组＜嗜热菌预处理组＜冻融联合嗜热菌预处理组。短链脂肪酸的积累与溶解性蛋白质的消耗呈负相关，当短链脂肪酸的积累量显著增加时，溶解性蛋白质的消耗量迅速增加[图 6-34（c）]。

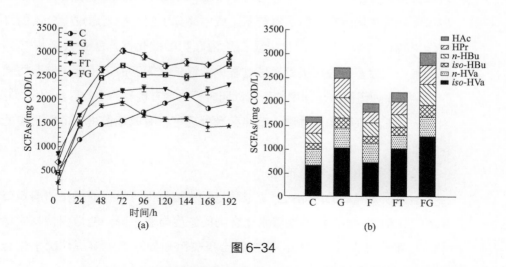

图 6-34

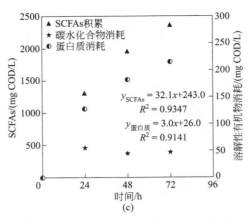

图 6-34 剩余污泥发酵过程中短链脂肪酸产量（a）、组分（b）及有机物的转化（c）

众所周知，短链脂肪酸的组成通常影响污水处理过程中有机物的去除，因此，短链脂肪酸通常作为污水处理过程的外加碳源[36]。发酵72h的短链脂肪酸的组成成分如图6-34（b）所示，其比例与前期研究结果相似[37]，主要为乙酸，在冻融联合嗜热菌预处理组中的比例达到42%，比对照组（43%）和冻融联合热预处理组（46%）稍低，但是其浓度达到最大值(1275 ± 20)mg COD/L。另外，丙酸、异丁酸和正戊酸的总量占总酸的41%，其中，异丁酸在短链脂肪酸组分中所占比例仅次于乙酸，浓度为(443 ± 15)mg COD/L，占总短链脂肪酸的15%。丙酸和正戊酸占总短链脂肪酸的25%。并且，异戊酸在短链脂肪酸组分中所占比例最小，最高浓度为(260 ± 17)mg COD/L，仅占总酸的8%。乙酸、丙酸和丁酸由碳水化合物和蛋白质转化而来，但是短链脂肪酸中高分子的戊酸则通过蛋白质的发酵作用转化而来。其原因是以蛋白质为底物的酸化菌产酸量较低[38]，同时丙酸、丁酸和戊酸在厌氧发酵过程中能够转化为乙酸。由于短链脂肪酸的积累可作为污泥酸化程度的信号，同时标志着有机物的生物降解程度[39]，因此从以上结果可知冻融联合嗜热菌预处理可以有效地促进短链脂肪酸的积累。

（2）溶解性有机物的转化

不同预处理后的污泥在厌氧发酵过程中溶解性有机物的变化如图6-35所示。在初始48h，溶解性碳水化合物的浓度显著下降，随后保持相对稳定。发酵时间从0h到96h，冻融联合嗜热菌预处理组中溶解性碳水化合

物的浓度从 (213±10)mg COD/L 降低到 (111±12)mg COD/L，然后维持相对稳定。当发酵时间超过 48h 时，溶解性蛋白质的浓度显著下降，然后在 120h 达到最低值，即 (620±35)mg COD/L。在整个发酵过程中，大约 50% 的碳水化合物和蛋白质被降解。

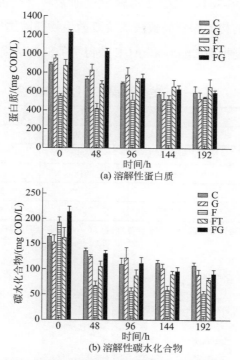

图 6-35　溶解性蛋白质和碳水化合物的变化

研究表明，在厌氧发酵过程中溶解性碳水化合物和蛋白质对短链脂肪酸的积累起着决定性的作用[11]。Yuan 等[38]研究发现与其他有机物相比，蛋白质在高浓度的剩余污泥中起着更加重要的作用，因此，短链脂肪酸的积累程度主要取决于溶解性蛋白质的浓度，而冻融联合嗜热菌预处理方法在溶解性有机物的释放及其转化中起着积极的作用。

6.4.4　发酵阶段微生物群落结构分析

通过高通量测序，其中四组生物样本，共获得 102800 条原始序列（表 6-3），OTUs 数分别为 2670（对照组）、2630（嗜热菌预处理组）、3059

（冻融预处理组）和 2642（冻融联合嗜热菌预处理组）。当测序数量接近 30000 时，嗜热菌预处理组的微生物种类下降，冻融具有最大的微生物丰度。嗜热菌预处理组和对照组多样性较低（Shannon 指数 =5.08 和 5.05），冻融预处理组、冻融联合嗜热菌预处理组多样性较高（Shannon 指数 =5.81 和 5.10）（图 6-36）。说明在水解阶段冻融和嗜热菌 *Geobacillus* sp. G1 对微生物群落结构的影响导致厌氧阶段微生物群落结构具有显著性差异。同样，物种丰度指数 Chao1 和 ACE 获得了类似的结果（图 6-36）。

表 6-3　发酵过程高通量测序数据

项目	C	G	F	FG
序列数	26248	24459	24752	27341
OTUs[①]	2670	2630	3059	2642
ACE 丰富度	8860	7818	10956	8238
Chao1 丰富度	6246	5491	7088	5438
Shannon 指数	5.05	5.08	5.81	5.10

注：C—对照组；G—嗜热菌预处理组；F—冻融预处理组；FG—冻融联合嗜热菌预处理组。
① 3% 的差异性。

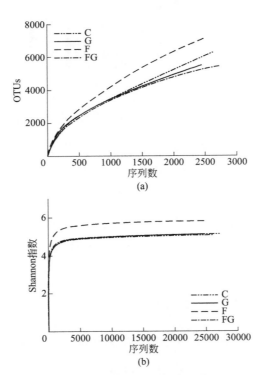

图 6-36　基于 Illumina HiSeq 的微生物群落稀疏曲线和 Shannon 多样性曲线

由图 6-37 可知,嗜热菌预处理组和冻融联合嗜热菌预处理组的相似度最高(R^2=0.97),而对照组与嗜热菌预处理组的相似度相对较低(R^2=0.94),对照组与冻融联合嗜热菌预处理组的相似度为 R^2=0.93,说明嗜热菌及温度对微生物群落结构的影响高于冻融对微生物的作用。层序聚类分析(图 6-38,彩图见书后)得出与以上分析相同的结果,说明冻融预处理组的微生物群落明显区别于其他各组,而对照组与投加嗜热菌组相似度较高。

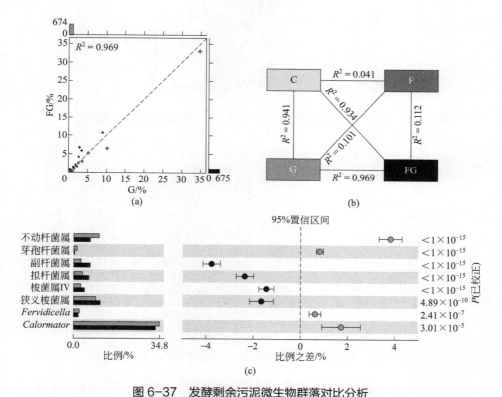

图 6-37 发酵剩余污泥微生物群落对比分析

(a)以 y=x 划分两个样品的富集程度,R^2 代表两个样品间的相似度;(b)两个样品间主要的 8 个属之间的显著性差异分析;(c)对照组、嗜热菌预处理组、冻融预处理组和冻融联合嗜热菌预处理组样品间相似度分析

另外,4 组样品仅有 95 个共有 OTUs(图 6-39),其中 65% 为变形菌门和厚壁菌门。在共有 OTUs 中,32.9% 属于变形菌门、32.1% 属于厚壁菌门、15.1% 属于拟杆菌门、其中未分类的占共有 OTU 的 3.1%。嗜热菌预处理组和冻融联合嗜热菌预处理组共有 OTU 数为 417,冻融预处理组和冻融联合嗜热菌预处理组共有 OTU 数为 337,对照组独有的 OTU 数为

411，冻融预处理组独有的 OTU 数为 632，嗜热菌预处理组独有的 OTU 数为 330，冻融联合嗜热菌预处理组独有的 OTU 数为 342。

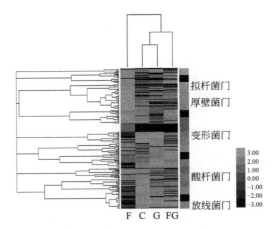

图 6-38　基于 Illumina HiSeq 的发酵剩余污泥微生物群落层序聚类分析

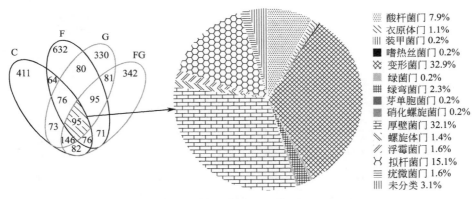

图 6-39　基于 OTUs 的发酵的剩余污泥微生物群落 Venn 图

从门、纲、属三个水平上分析 4 组微生物群落结构特征。门水平上（图 6-40），4 组样品微生物可分为 4 个门，分别为变形菌门、拟杆菌门、厚壁菌门和放线菌门。有研究证明厌氧发酵过程中主要的微生物为变形菌门，拟杆菌门，厚壁菌门和绿弯菌纲[40]，而冻融联合嗜热菌预处理组中变形菌门，拟杆菌门和厚壁菌门的相对丰度达到 95.6%，显著高于其他 3 组，但是与嗜热菌预处理组相似度最高，原因可能是 *Geobacillus* sp. G1 的投加对水解阶段微生物结构的影响大于冻融对微生物结构的影响。

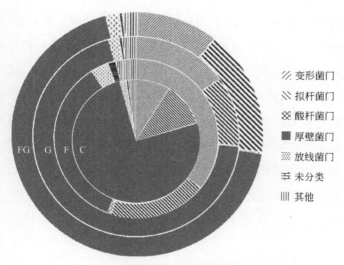

图 6-40 门水平上的微生物群落结构分析

如图 6-41 所示,高通量结果分析 4 组微生物群落可以分为 55 个纲,占比大的主要为其中的 11 个纲,包括 α- 变形菌纲、β- 变形菌纲、γ- 变形菌纲、梭状芽孢杆菌纲、拟杆菌纲和放线菌纲,而对污泥水解和酸化有显著作用的梭状芽孢杆菌纲和拟杆菌纲在嗜热菌预处理组和冻融联合嗜热菌预处理组中显著增加。

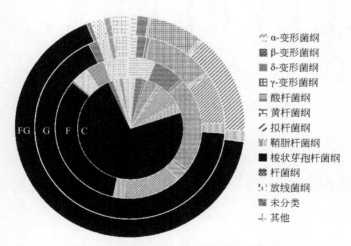

图 6-41 纲水平上的微生物群落结构分析

如图 6-42,在属水平上进一步分析功能微生物结果显示,采用不同的预处理方法对功能微生物属水平上的分布有显著影响。总体上,参与发酵过程的主要微生物为水解相关微生物，如梭菌属Ⅳ和 *Caloramator*，酸化相关微生物，如副杆菌属和拟杆菌属，在冻融联合嗜热菌预处理组中四类微生物的相对丰度分别为 4.2%、33.1%、6.7% 和 5.8%。其中，梭菌属Ⅳ和 *Caloramator* 的相对丰度比单独嗜热菌预处理组低 0.4%；副杆菌属和拟杆菌属的相对丰度比单独嗜热菌预处理组高 6.1%。副杆菌属和梭菌属主要通过分泌水解酶（蛋白酶和淀粉酶）降解复杂有机物[32,41]，并且副杆菌属通常与丙酸的积累相关[42]，拟杆菌属能够产生丙酸和乙酸[2]。总体上，冻融联合嗜热菌预处理组中参与剩余污泥水解/酸化过程的相关功能微生物的快速富集，加速了有机物的水解，进一步强化了短链脂肪酸的积累作用。

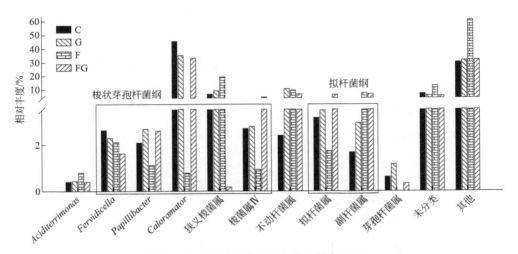

图 6-42 属水平上的微生物群落结构分析

6.5 联合预处理性能比较分析

6.5.1 联合预处理对剩余污泥水解率的比较分析

采用嗜热菌联合不同预处理对剩余污泥进行水解预处理，其水解速率如图 6-43 所示。其中，采用超声联合嗜热菌对剩余污泥的水解速率在 6h

时达到最大值，为21.0%，其次为冻融联合嗜热菌及碱联合嗜热菌，水解速率分别为15.1%和16.0%。而对照组和嗜热菌预处理组的水解速率差异不显著，分别为11.1%（对照）和12.7%（嗜热菌预处理）。研究表明，在采用pH 10联合十二烷基苯磺酸钠（SDBS）预处理中，剩余污泥的水解率达到19.6%[37]。由此可见，预处理能够有效地促进剩余污泥溶解性有机物的释放，超声作用对于胞外聚合物的剥离作用尤为显著，同时强化了剩余污泥的水解效率。

进一步对剩余污泥微生物生物量变化分析结果表明（图6-43），碱联合嗜热菌对微生物的水解率在6h时达到41.2%，而超声联合嗜热菌对微生物的水解速率为24.8%，由于超声和冻融预处理对细胞的机械损伤，预处理时间为6h时，剩余污泥的水解速率迅速达到25.7%和27.9%，而仅采用嗜热菌预处理的微生物水解率在此时达到16.2%。因此，在微生物的水解性能方面，联合预处理技术可以有效地强化剩余污泥微生物细胞的水解作用。

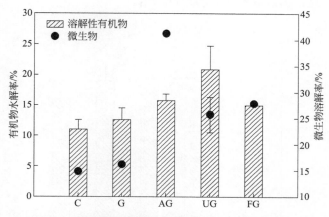

图6-43 不同预处理对剩余污泥及污泥微生物水解率分析
C—对照组；G—嗜热菌预处理组；AG—碱联合嗜热菌预处理组；
UG—超声联合嗜热菌预处理组；FG—冻融联合嗜热菌预处理组

综上所述，超声预处理使溶解性有机物增加并非是由于细胞膜的破碎，而是由于污泥絮凝体的瓦解和胞外聚合物的水解作用[3]，因此，超声联合嗜热菌预处理对胞外聚合物中溶解性有机物的释放具有强化作用，由于胞外聚合物的剥离，使嗜热菌水解作用得到进一步的强化。而冻融预处理的优势在于强化剩余污泥的脱水性能和污泥絮凝体的瓦解[5]，以及对微生物的细胞膜造成损伤[6]，因此，超声联合嗜热菌预处理对剩余污泥絮凝体的结构改变和微生物的水解具有强化作用。由于碱对剩余污泥的水解及嗜热菌的活性的同步促进作用，因此，其对微生物的水解有显著的促进作用。

6.5.2 联合预处理对剩余污泥酸化率的比较分析

预处理对剩余污泥酸化率的影响如图 6-44 所示。碱联合嗜热菌预处理和超声联合嗜热菌预处理的酸化率达到 23.8% 和 23.4%，其次为超声联合嗜热菌组，为 20.4%，嗜热菌预处理组的酸化率为 15.0%，对照组为 8.9%。研究显示，在超声频率为 40Hz、处理时间为 5d 的条件下，酸化率达到 19.7%[43]；在水力停留时间为 12d、采用 pH 10 联合十二烷基苯磺酸钠（SDBS）处理中，剩余污泥的水解率达到 17.1%[37]。由此可见，预处理效果对后续的酸化作用有直接影响，而胞外聚合物和微生物水解率较高的情况，对后续产酸有显著的促进作用。

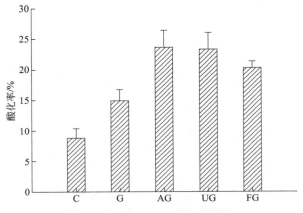

图 6-44 不同预处理对剩余污泥的酸化率

6.5.3 联合预处理条件主要有机质释放与功能微生物关联解析

基于嗜热菌对剩余污泥预处理促进水解的结果，采用主成分分析（PCA）法对联合嗜热菌的预处理优化过程释放的主要有机质成分与关键功能菌群的内在关联进行解析（图6-45）。PCA中对照组、嗜热菌预处理组和冻融联合嗜热菌预处理组的生物群落表现出较高的相似性，而超声联合嗜热菌预处理组和碱联合嗜热菌预处理组的微生物群落有较大差异。结果表明预处理对嗜热菌的影响非常显著，能够明显改变后续剩余污泥水解发酵产酸的功能微生物结构。结合第5章的结果，可以推断采用单独的嗜热菌预处理效能主要表现在对污泥的初步破解和水解作用，与对照组和冻融预处理组相比，污泥预处理后的结构相似性决定了体系功能菌群的差异性较小。超声和碱处理对剩余污泥结构的影响程度、作用机制不同，导致形成的后续水解产酸的微生物群落的结构差异显著。

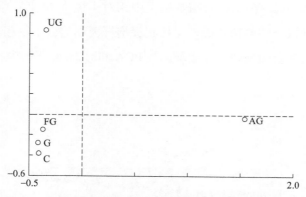

图6-45　基于Illumina HiSeq的微生物群落主成分分析

研究进一步将剩余污泥有机质释放后的主要有机质成分（短链脂肪酸、蛋白质、碳水化合物）与主要功能菌群进行关联，通过典范对应分析（CCA）建立不同预处理后的剩余污泥厌氧发酵阶段产物和功能微生物的关系，如图6-46（彩图见书后）所示。根据CCA分析结果，结合微生物群落结构与主要厌氧发酵产物成分的相关性，将微生物功能菌群分为蛋白质水解型、碳水化合物水解型和短链脂肪酸积累型3种功能类型。以短链脂肪酸为主的功能菌群中，拟杆菌纲微生物和梭状芽孢杆菌纲微生物是普遍存在于厌氧发酵过程中的微生物种类，主要参与剩余污泥中固体成分的分解和有机酸的积累[22]。副杆菌属通常与丙酸的积累密切相关；梭菌属微生物主要参与剩余蛋白质和氨基酸的水解[42]。γ-变形菌纲和放线菌纲作为固体废物厌氧分解过程中微生物群落的重要组成部分[44]，参与剩余污泥的水解过程。

在发酵体系中功能菌群的结构特征决定了剩余污泥水解和酸化的效率，其中，梭状芽孢杆菌纲和拟杆菌纲的富集与短链脂肪酸和蛋白质的生成含量密切相关，γ-变形菌纲等其他菌群的富集与水解产酸中多糖等碳水化合物的转化作用更具有相关性。以梭状芽孢杆菌纲的微生物为例，梭状芽孢杆菌纲的 *Caloramator* 为高温水解菌，在投加嗜热菌组中相对丰度为 34.8%，在联合冻融嗜热菌预处理组中相对丰度达到 33.1%，在超声联合嗜热菌预处理组中相对丰度达到 49.1%，在碱联合嗜热菌预处理组中仅为 1.4%；梭菌属在投加嗜热菌组中占微生物总数的 13.4%，在冻融联合嗜热菌预处理组中相对丰度达到 4.4%，在超声联合嗜热菌预处理组中相对丰度达到 10.8%，在碱联合嗜热菌组中相对丰度为 14.4%。其中嗜热菌处理组与冻融联合嗜热菌预处理组梭状芽孢杆菌纲的微生物相对丰度相近，与其他两组联合预处理差异显著，与 PCA 和 CCA 结果一致。

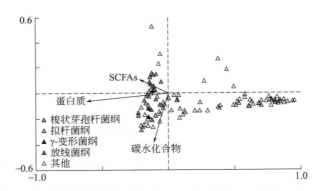

图 6-46 溶解性有机物与功能微生物的典范对应分析（CCA）

参考文献

[1] Frølund B, Palmgren R, Keiding K, et al. Extraction of extracellular polymers from activated sludge using a cation exchange resin[J]. Water Research, 1996, 30(8):1749-1758.

[2] Zheng X, Su Y, Li X, et al. Pyrosequencing reveals the key microorganisms involved in sludge alkaline fermentation for efficient short-chain fatty acids production[J]. Environmental Science & Technology, 2013, 47(9):4262-4268.

[3] Salsabil M R, Prorot A, Casellas M, et al. Pre-treatment of activated sludge: Effect of sonication on aerobic and anaerobic digestibility[J]. Chemical Engineering Journal, 2009, 148(2-3):327-335.

[4] Wang X, Zheng M, Zhang W, et al. Experimental study of a solar-assisted ground-coupled heat pump

system with solar seasonal thermal storage in severe cold areas[J]. Energy and Buildings, 2010, 42(11):2104-2110.

[5] Montusiewicz A, Lebiocka M, Rożej A, et al. Freezing/thawing effects on anaerobic digestion of mixed sewage sludge[J]. Bioresource Technology, 2010, 101(10):3466-3473.

[6] Thomashow M F. Role of cold-responsive genes in plant freezing tolerance[J]. Plant Physiology, 1998, 118(1):1-7.

[7] Yan S, Miyanaga K, Xing X H, et al. Succession of bacterial community and enzymatic activities of activated sludge by heat-treatment for reduction of excess sludge[J]. Biochemical Engineering Journal, 2008, 39(3):598-603.

[8] Foladori P, Tamburini S, Bruni L. Bacteria permeabilisation and disruption caused by sludge reduction technologies evaluated by flow cytometry[J]. Water Research, 2010, 44(17):4888-4899.

[9] Hu K, Jiang J Q, Zhao Q L, et al. Conditioning of wastewater sludge using freezing and thawing: Role of curing[J]. Water Research, 2011, 45(18):5969-5976.

[10] Gao W. Freezing as a combined wastewater sludge pretreatment and conditioning method[J]. Desalination, 2011, 268(1-3):170-173.

[11] Luo K, Yang Q, Li X M, et al. Novel insights into enzymatic-enhanced anaerobic digestion of waste activated sludge by three-dimensional excitation and emission matrix fluorescence spectroscopy[J]. Chemosphere, 2013, 91(5):579-585.

[12] Yu G, He P, Shao L, et al. Extracellular proteins, polysaccharides and enzymes impact on sludge aerobic digestion after ultrasonic pretreatment[J]. Water Research, 2008, 42(8-9):1925-1934.

[13] Sanchez N P, Skeriotis A T, Miller C M. Assessment of dissolved organic matter fluorescence PARAFAC components before and after coagulation-filtration in a full scale water treatment plant[J]. Water Research, 2013, 47(4):1679-1690.

[14] Chen W, Westerhoff P, Leenheer J A, et al. Fluorescence excitation-emission matrix regional integration to quantify spectra for dissolved organic matter[J]. Environmental Science & Technology, 2003, 37(24):5701-5710.

[15] Lu L, Xing D, Liu B, et al. Enhanced hydrogen production from waste activated sludge by cascade utilization of organic matter in microbial electrolysis cells[J]. Water Research, 2012, 46:1015-1026.

[16] Chen Y, Jiang S, Yuan H, et al. Hydrolysis and acidification of waste activated sludge at different pHs[J]. Water Research, 2007, 41(3):683-689.

[17] Liu S, Zhu N, Li L Y, et al. Isolation, identification and utilization of thermophilic strains in aerobic digestion of sewage sludge[J]. Water Research, 2011, 45(18):5959-5968.

[18] Zhou A, Yang C, Guo Z, et al. Volatile fatty acids accumulation and rhamnolipid generation *in situ* from waste activated sludge fermentation stimulated by external rhamnolipid addition[J]. Biochemical Engeering Journal, 2013, 77:240-245.

[19] Jie W, Peng Y, Ren N, et al. Utilization of alkali-tolerant stains in fermentation of excess sludge[J]. Bioresource Technology, 2014, 157:52-59.

[20] Liu W, Huang S, Zhou A, et al. Hydrogen generation in microbial electrolysis cell feeding with fermentation liquid of waste activated sludge[J]. International Journal of Hydrogen Energy, 2012, 37(18):13859-13864.

[21] Yan Y, Feng L, Zhang C, et al. Ultrasonic enhancement of waste activated sludge hydrolysis and

volatile fatty acids accumulation at pH 10.0[J]. Water Research, 2010, 44(11):3329-3336.

[22] Wong M T, Zhang D, Li J, et al. Towards a metagenomic understanding on enhanced biomethane production from waste activated sludge after pH 10 pretreatment[J]. Biotechnology for Biofuels, 2013, 6(1):38.

[23] Ariesyady H D, Ito T, Okabe S. Functional bacterial and archaeal community structures of major trophic groups in a full-scale anaerobic sludge digester[J]. Water Research, 2007, 41(7):1554-1568.

[24] Zhu L, Qi H Y, Lv M L, et al. Component analysis of extracellular polymeric substances (EPS) during aerobic sludge granulation using FTIR and 3D-EEM technologies[J]. Bioresource Technology, 2012, 124:455-459.

[25] Zhang Y, Zhang P, Guo J, et al. Spectroscopic analysis and biodegradation potential study of dissolved organic matters in sewage sludge treated with high-pressure homogenization[J]. Bioresource Technology, 2013, 135:616-621.

[26] Yang Q, Yi J, Luo K, et al. Improving disintegration and acidification of waste activated sludge by combined alkaline and microwave pretreatment[J]. Process Safety and Environmental Protection, 2013, 91(6):521-526.

[27] Dinopoulou G, Rudd T, Lester J N. Anaerobic acidogenesis of a complex wastewater: I. The influence of operational parameters on reactor performance[J]. Biotechnology Bioengineering, 1988, 31(9):958-968.

[28] Riviere D, Desvignes V, Pelletier E, et al. Towards the definition of a core of microorganisms involved in anaerobic digestion of sludge[J]. ISME Journal, 2009, 3(6):700-714.

[29] Jaenicke S, Ander C, Bekel T, et al. Comparative and joint analysis of two metagenomic datasets from a biogas fermenter obtained by 454-pyrosequencing[J]. PLoS One, 2011, 6(1):e14519.

[30] Li X, Peng Y, Ren N, et al. Effect of temperature on short chain fatty acids (SCFAs) accumulation and microbiological transformation in sludge alkaline fermentation with $Ca(OH)_2$ adjustment[J]. Water Research, 2014, 61:34-45.

[31] Feng L, Yan Y, Chen Y. Kinetic analysis of waste activated sludge hydrolysis and short-chain fatty acids production at pH 10[J]. Journal of Environmental Science, 2009, 21(5):589-594.

[32] Zhang Y, Feng Y, Yu Q, et al. Enhanced high-solids anaerobic digestion of waste activated sludge by the addition of scrap iron[J]. Bioresource Technology, 2014, 159:297-304.

[33] Hery M, Sanguin H, Perez Fabiel S, et al. Monitoring of bacterial communities during low temperature thermal treatment of activated sludge combining DNA phylochip and respirometry techniques[J]. Water Research, 2010, 44(20):6133-6143.

[34] Guo L, Li X M, Zeng G M, et al. Enhanced hydrogen production from sewage sludge pretreated by thermophilic bacteria[J]. Energy Fuels, 2010, 24:6081-6085.

[35] Lu L, Xing D, Ren N. Pyrosequencing reveals highly diverse microbial communities in microbial electrolysis cells involved in enhanced H_2 production from waste activated sludge[J]. Water Research, 2012, 46(7):2425-2434.

[36] Moser-Engeler R, Udert K M, Wild D, et al. Products from primary sludge fermentation and their suitability for nutrient removal[J]. Water Science & Technology, 1998, 38(1):265-273.

[37] Chen Y, Liu K, Su Y, et al. Continuous bioproduction of short-chain fatty acids from sludge enhanced by the combined use of surfactant and alkaline pH[J]. Bioresource Technology, 2013, 140:97-102.

[38] Yuan H, Chen Y, Zhang H, et al. Improved bioproduction of short-chain fatty acids (SCFAs) from excess sludge under alkaline conditions[J]. Environmental Science & Technology, 2006, 40(6):2025-2029.

[39] Rajagopal R, Béline F. Anaerobic hydrolysis and acidification of organic substrates: Determination of anaerobic hydrolytic potential[J]. Bioresource Technology, 2011, 102(10):5653-5658.

[40] Nelson M C, Morrison M, Yu Z. A meta-analysis of the microbial diversity observed in anaerobic digesters[J]. Bioresource Technology, 2011, 102(4):3730-3739.

[41] Chatterjee D, Boyd C D, O'Toole G A, et al. Structural characterization of a conserved, calcium-eependent periplasmic protease from legionella pneumophila[J]. Journal of Bacteriology, 2012, 194(16):4415-4425.

[42] Tan H Q, Li T T, Zhu C, et al. *Parabacteroides* chartae sp nov, an obligately anaerobic species from wastewater of a paper mill[J]. International Journal of Systematic and Evolutionary Microbiology, 2012, 62(11):2613-2617.

[43] Zhou A, Yang C, Kong F, et al. Improving the short-chain fatty acids production of waste activated sludge stimulated by a bi-frequency ultrasonic pretreatment[J]. Journal of Environmental Biology, 2013, 34:381-389.

[44] 唐晓荣, 张光明, 刘亚利, 等. 碱调理超声破解污泥产酸及生物群落研究 [J]. 中国给排水, 2013, 29(7):89-92.

第7章

结论与趋势分析

7.1 结论及创新点

本书以提高污泥资源化水平为目标，以改善剩余污泥水解情况为目的，围绕生物强化方法，采用功能基因定量、3D-EEM 光谱、Illumina HiSeq 测序等多种方法，从高效嗜热溶胞菌的分离及鉴定、嗜热菌强化剩余污泥水解以及不同预处理技术联合嗜热菌强化剩余污泥水解三个方面进行研究，以期提高剩余污泥的水解速率及有机物转化效率。主要结论如下：

① 开发了嗜热菌强化剩余污泥水解预处理技术，证实了嗜热菌对剩余污泥微生物水解及后续酸化的促进作用。采用高温驯化法从剩余污泥中分离得到具有胞外水解酶活性的嗜热菌 *Geobacillus* sp. G1、*Geobacillus* sp. G2 和 *Aneurinibacillus* sp. G3，并对其水解特性进行了研究，在优化条件为脱脂乳 10.78g/L、酵母粉 3.0g/L、$(NH_4)_2SO_4$ 11.28g/L、NaCl 4.3g/L、K_2HPO_4 1.2g/L、KH_2PO_4 0.7g/L、$MgSO_4 \cdot 7H_2O$ 0.5g/L、pH 7 下，*E. coli* 的水解率可达 50.1%，比优化前提高了 16.1%。水解剩余污泥实验结果表明，*Geobacillus* sp. G1 最适宜的投加比为 35%，溶解性蛋白质的释放量达到 695mg COD/L，相应蛋白酶的活性达到 1.1Eu/mL，是对照组的 6.1 倍。

② 通过直接在剩余污泥中接种嗜热菌的方法对剩余污泥进行生物强化水解，确定了嗜热菌 *Geobacillus* sp. G1 的最适宜投加量为 10%（体积分数），处理时间为 6h，此时，FDA 的水解活性最大，为 $(403\pm4)\mu g$ FDA/(mL·h)，是对照组的 1.5 倍。SCOD 的浓度为 (4130 ± 170)mg COD/L，为对照组的 1.5 倍；溶解性蛋白质的浓度为 (1063 ± 15)mg COD/L，为对照组的 1.7 倍；溶解性碳水化合物的浓度为 (213 ± 6)mg COD/L，为对照组的 1.1 倍。

③ 中温（35℃）和高温（55℃）厌氧发酵试验结果表明，对于嗜热菌 *Geobacillus* sp. G1 水解之后的剩余污泥，高温与中温厌氧发酵相比较，蛋白质消耗比为 0.4∶1，同时，中温条件下，发酵 96h，获得了最大短链脂肪酸积累量，是对照组的 2 倍，与高温厌氧发酵相比，中温厌氧发酵在保证挥发酸产量的同时，更利于节约能源。

④ 水解阶段和酸化阶段的微生物群落演替结果表明，在水解阶段投加嗜热菌组与对照组有显著性差异，参与水解的微生物在嗜热菌组中为梭

状芽孢杆菌纲的 *Caloramator*，在对照组中为杆菌纲的芽孢杆菌属和无氧芽孢杆菌属的微生物及梭状芽孢杆菌纲的 *Caloramator* 属的微生物；在发酵阶段，微生物群落结构相似度增加，参与水解和酸化的微生物主要为 *Calormator*、梭菌属和不动杆菌属。投加嗜热菌 *Geobacillus* sp. G1 后，导致高温水解菌 *Caloramator* 相对比例增加，中性金属蛋白酶基因的含量增加，进入发酵阶段后，嗜热菌 *Geobacillus* 由于转换到中温条件，部分嗜热微生物死亡，蛋白酶基因含量相对下降，为水解阶段的 0.2 倍。

⑤ 用三种典型的预处理技术（碱、超声和冻融）对嗜热菌 *Geobacillus* sp. G1 水解剩余污泥进行强化，结果表明，联合预处理［碱联合嗜热菌 *Geobacillus* sp. G1（AG）、超声联合嗜热菌 *Geobacillus* sp. G1（UG）、冻融联合嗜热菌 *Geobacillus* sp. G1（FG）］对剩余污泥的水解作用均高于单一预处理。水解阶段，剩余污泥中溶解性蛋白质的释放效能，AG、UG 和 FG 组分别是对照组的 2.0 倍、1.7 倍和 1.4 倍；酸化阶段，短链脂肪酸的积累效能，AG、UG 和 FG 组分别是对照组的 2.7 倍、2.5 倍和 2.0 倍。从剩余污泥水解酸化程度来看，碱联合嗜热菌的水解效率最高，其水解效率由高到低为：碱联合嗜热菌 > 超声联合嗜热菌 > 冻融联合嗜热菌 > 嗜热菌 > 对照（热处理）。

⑥ 不同预处理联合嗜热菌 *Geobacillus* sp. G1 厌氧发酵过程中主要的微生物包括：水解相关微生物，如梭菌属 IV 和 *Caloramator*；酸化相关微生物，如副杆菌属和拟杆菌属。其中，梭状芽孢杆菌纲、拟杆菌属、变形菌门是以乙酸和丙酸为主要代谢产物的微生物，梭菌属微生物在预处理阶段主要以耐热菌为代表性微生物，如 *Caloramator* sp.，主要参与剩余蛋白质和氨基酸的水解过程。

本书创新点主要包括以下三个方面。

① 增设了新型生物强化污泥处理技术即嗜热溶胞菌强化污泥水解产酸的方法，同步实现了污泥处理与资源化。

② 本书详细地总结了目前关于污泥处理的生物强化技术，并进一步通过水解阶段和发酵阶段微生物群落结构的演替分析及功能基因的定量分析，确定了微生物在剩余污泥水解和酸化过程中的生态学地位。

③ 开发了联合预处理强化剩余污泥生物转化效率的方法，提出碱联合

嗜热菌强化剩余污泥水解的方法，解决剩余污泥中胞外聚合物难以快速水解的难点。

7.2 趋势分析

近年来，剩余污泥的处理处置已引起全球的关注，其中针对剩余污泥的预处理技术和后续生产可利用碳源及生物气等方面的剩余污泥的资源化利用的研究较多。当前，剩余污泥处理的主要限速步骤是厌氧消化水解过程。为了改善水解效率并提高沼气产量，开展了大量针对剩余污泥预处理的研究，而物理、化学、热和生物预处理方法因显著提高了污泥厌氧消化效率而被广泛应用[1,2]。但是，这些预处理方式对提升污泥厌氧消化产甲烷效能并非一直有效，而建立可持续的和有前途的预处理方法仍存在一些限制[3]。大多数物理预处理方法需要投入大量能量，这限制了该项技术在工业规模上的灵活性。化学预处理存在的重要问题是无法平衡反应器中的pH值，从而抑制污泥厌氧消化效能[4]。并且，酸预处理的腐蚀作用可能会限制工艺应用，并因设计耐腐蚀反应器而导致成本增加。而热处理反应周期长，而且存在不稳定性，导致厌氧消化效果可能不理想[5]。由于生物强化法有着不可替代的优越性，本书针对嗜热菌强化剩余污泥水解及相关联合技术进行了较为系统的阐述，但由于嗜热菌的研究经验较少，并且时间和精力有限，在研究内容和方法方面依然存在很多不完善的地方。

建议：在以往研究的基础上，开发经济高效的预处理策略，减少能源消耗和减少仪器成本投入至关重要。而缺乏针对各种预处理方法的正确评价，将给确定最佳的剩余污泥预处理方法带来困难和经济负担。因此，对各种预处理方法进行系统的评价是克服以上问题的重要步骤。还需要将系统研究从实验室扩展到工业、工厂，以准确评价工艺能源和经济需求。另外，剩余污泥的合理处理处置还影响环境质量[6]。需要进一步研究以评价厌氧消化沉积物对环境的影响，并应对污泥性质、预处理条件和工艺参数进行进一步研究，以形成经济有效且实用的预处理策略。因此，未来的研究应集中在减少能源需求和解决环境问题上。而针对污泥厌氧消化过程中涉及的微生物群落的研究将有助于分析反应器中存在的微生物过程，并且可能为优化微生物活性提供理论和技术支持。同时，与预处理方法相关的病原体活化问题也与人类健康和生活环境息息相关，研发的预处理技术在实现杀死病原体而又不使其重新活化的同时，结合不同处理现象改善沼气产量也可能是未来的发展趋势。

参考文献

[1] Hanum F, Yuan L C, Kamahara H, et al. Treatment of sewage sludge using anaerobic digestion in Malaysia: current state and challenges[J]. Frontiers in Energy Research, 2019, 7:19.

[2] Meegoda J N, Li B, Patel K, et al. A review of the processes, parameters, and optimization of anaerobic digestion[J]. International Journal of Environmental Research & Public Health, 2018, 15(10):2224.

[3] Kim D H, Cho S K, Lee M K, et al. Increased solubilization of excess sludge does not always result in enhanced anaerobic digestion efficiency[J]. Bioresource Technology, 2013, 143:660-664.

[4] Fang W, Zhang P, Zhang G, et al. Effect of alkaline addition on anaerobic sludge digestion with combined pretreatment of alkaline and high pressure homogenization[J]. Bioresource Technology, 2014, 168:167-172.

[5] Neumann P, Pesante S, Venegas M, et al. Developments in pre-treatment methods to improve anaerobic digestion of sewage sludge[J]. Reviews in Environmental Science & Biotechnology, 2016, 15(2):173-211.

[6] Zhen G, Lu X, Kato H, et al. Overview of pretreatment strategies for enhancing sewage sludge disintegration and subsequent anaerobic digestion: Current advances, full-scale application and future perspectives[J]. Renewable and Sustainable Energy Reviews, 2017, 69:559-577.

附　录

英文缩写对照表

英文缩写	英文全称	中文释义
OMs	organic matters	有机质
MLSS	mixed liquid suspended solids	混合液悬浮固体浓度
CB	cell biomass	细胞生物量
EOS	extracellular organics	胞外有机物
TSS	total suspended solid	总悬浮固体
TS	total solid	总固体
VSS	volatile suspended solid	挥发性悬浮固体
VS	volatile solid	挥发性固体
COD	chemical oxygen demand	化学需氧量
SCOD	soluble chemical oxygen demand	溶解性化学需氧量
TCOD	total chemical oxygen demand	总化学需氧量
VFA	volatile fatty acid	挥发性脂肪酸
SCFAs	short-chain fatty acids	短链脂肪酸
HAc	acetic acid	乙酸
HPr	propanoic acid	丙酸
n-HBu	n-butyric acid	正丁酸
iso-HBu	iso-butyric acid	异丁酸
n-HVa	n-valeric acid	正戊酸
iso-HVa	iso-valeric acid	异戊酸
EPS	extracellular polymeric substances	胞外聚合物
LB-EPS	loosely bound extracellular polymer substances	松散结合型胞外聚合物
TB-EPS	tightly bound extracellular polymer substances	紧密结合型胞外聚合物
DOM	dissolved organic matters	溶解性有机物
AD	anaerobic digestion	厌氧消化
TPAD	temperature phased anaerobic digestion system	温度阶段厌氧消化系统
ATAD	autothermal thermophilic aerobic digestion system	自热式高温好氧消化体系
PCR	polymerase chain reaction	聚合酶链式反应
qPCR	real-time quantitative polymerase chain reaction	实时荧光定量 PCR
FDA	fluorescein diacetate	荧光素二乙酸酯

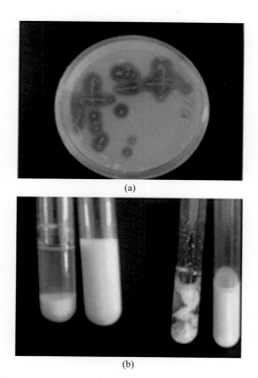

图 4-1　嗜热菌在脱脂乳固体培养基上形成的菌落（a）和在液体培养基中对脱脂乳的水解状况（b）

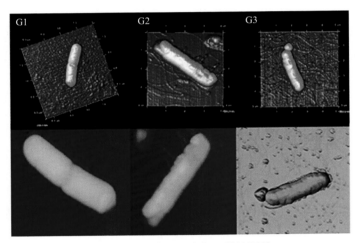

图 4-2 嗜热菌原子力显微镜图片

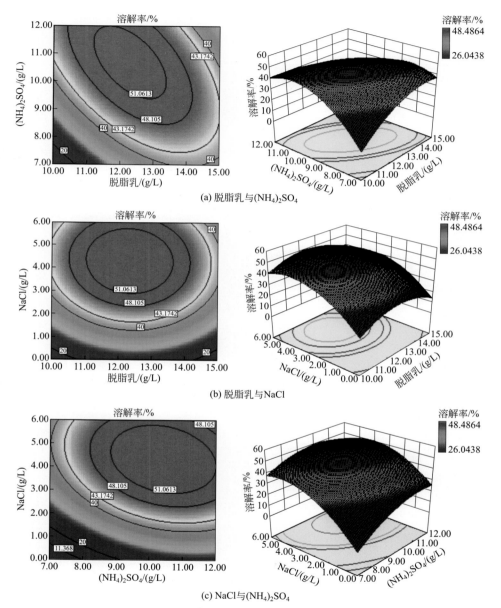

图 4-11 *E.coli* 溶解率的等高线和响应曲面图

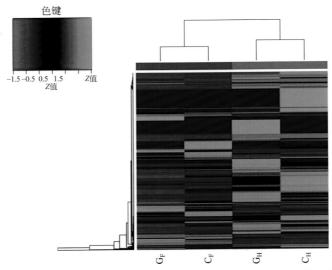

图 5-19　基于 Illumina HiSeq 的水解和发酵的剩余污泥微生物群落层序聚类分析

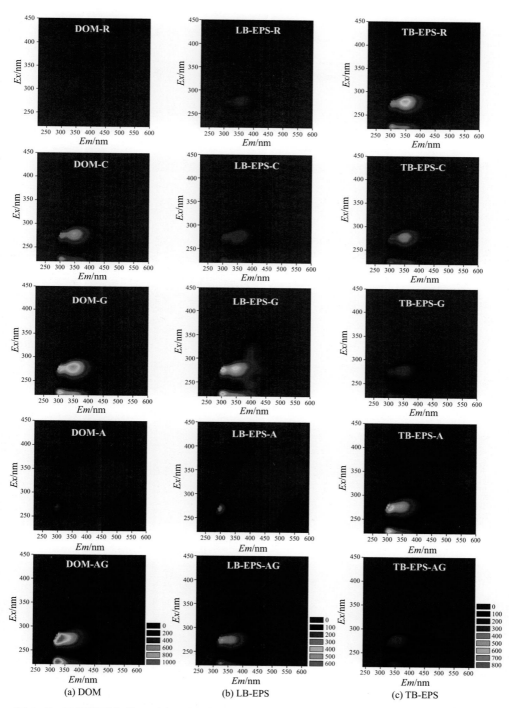

图 6-5 不同处理条件下剩余污泥样品 DOM、LB-EPS 和 TB-EPS 中荧光物质的光谱图

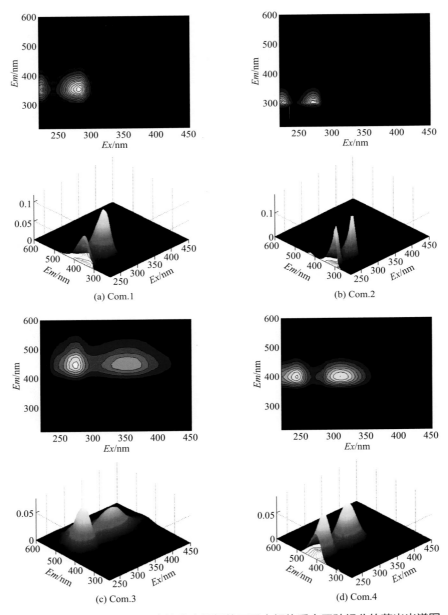

图 6-6 采用 PARAFAC 方法分离解析的不同水解体系中四种组分的荧光光谱图

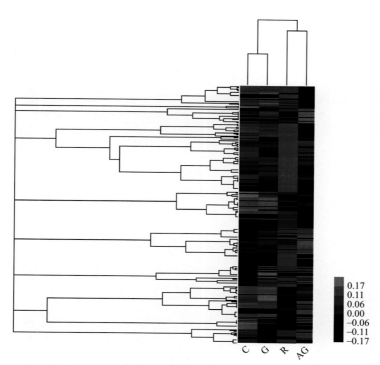

图 6-12 基于 Illumina HiSeq 的发酵剩余污泥微生物群落层序聚类分析

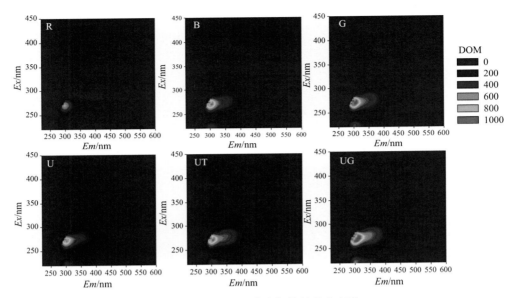

图 6-19　DOM 中有机物的荧光光谱

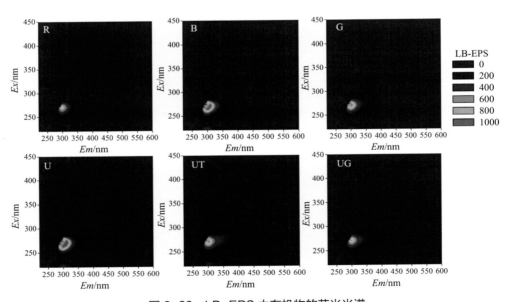

图 6-20　LB-EPS 中有机物的荧光光谱

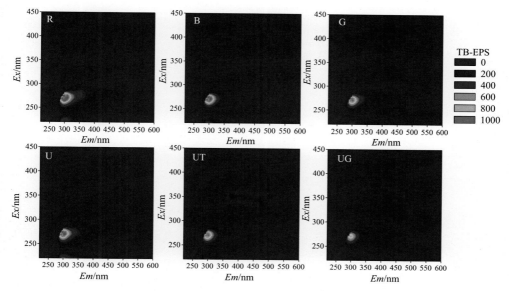

图 6-21 TB-EPS 中有机物的荧光光谱

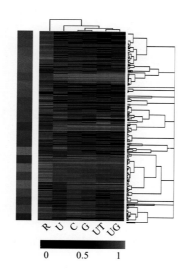

图 6-26 基于 Illumina HiSeq 的发酵剩余污泥微生物群落层序聚类分析

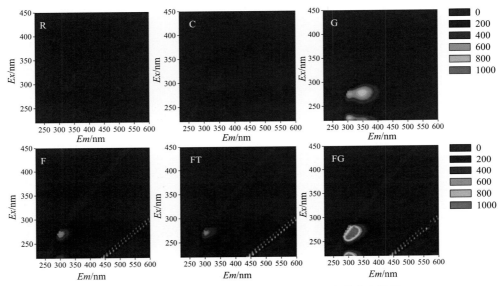

图 6-32　不同处理条件下剩余污泥 DOM 中荧光光谱图

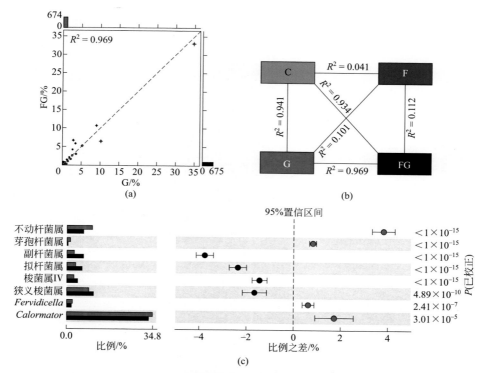

图 6-37 发酵剩余污泥微生物群落对比分析

(a) 以 $y=x$ 划分两个样品的富集程度，R^2 代表两个样品间的相似度；(b) 两个样品间主要的 8 个属之间的显著性差异分析；(c) 对照组、嗜热菌预处理组、冻融预处理组和冻融联合嗜热菌预处理组样品间相似度分析

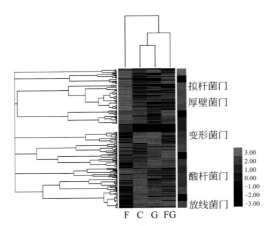

图 6-38　基于 Illumina HiSeq 的发酵剩余污泥微生物群落层序聚类分析

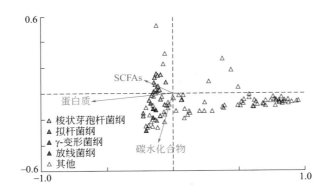

图 6-46　溶解性有机物与功能微生物的典范对应分析（CCA）